追味儿

跟着大厨

吴茂钊 著

游贵州

青岛出版社
QINGDAO PUBLISHING HOUSE

吴茂钊

　　贵州省是我国西部比较有特色的多民族省份，山清水秀，气候宜人，特别是积淀了多个民族和多种风味的美食佳肴，例如酸汤鱼和辣子鸡等菜肴得到全国各地食客的青睐。随着西部大开发战略的实施，贵州近年来变化显著，正在实施的"大扶贫、大数据、大生态"战略必将引领贵州成为度假胜地、美食胜地、休闲胜地。有一件工作需要我们大家去做，那就是要讲好贵州的故事，特别是讲好贵州的美食，这就是追味儿人的工作。

　　2001年，贵州省原省长王朝文同志从全国人大民族委员会退休回到贵州家乡，组织一些专家学者、烹饪大师一起讨论，发挥余热推动黔菜、苗药、苗史的发展。我作为高校从事食品研究的同志，应邀参加黔菜的挖掘和整理工作。在工作中，我结识了一位年轻人，就是吴茂钊。之后我参加的黔菜编撰工作和讨论活动中，吴茂钊基本上都在，少不了对他有一些关心和关注，也常常聊一些专业的话题。这个年轻人从厨师到餐馆老板，从入协会到办刊物做编辑，从做策划到职业院校烹饪老师，我们都有联系。

几年下来，吴茂钊一边工作、一边学习，还不停地利用周末和节假日走村串寨，甚至组织"寻味黔菜"活动，一个县一个县地走，硬是走遍了贵州九市州 88 个县。在我指导他的研究课题《贵州辣椒蘸水的现状调查与发展策略》中，完全可以看出，这位年轻人不仅仅是一位寻味儿人，早应该命名追味儿人了。

这样想着的时候，吴茂钊交给我一本《追味儿》的随笔集书稿，细看下来，确实值得追味儿。

我的这位学生，注重调查实践，能做到文中有物，物则可行。虽然从纯学术来看，论文可能略显单薄，但要说到实施，好像又近了一步，特别是他多次走进工厂，与工程师们对话，也一直在与市场对接。

读完《追味儿》，字里行间对烹饪的热爱、对黔菜的记录，对人生的感悟，对事业的追求，对社会的奉献，让他早已成为贵州的追味儿人，没有之一。

读后所感，记录于此，权当为序，期待追味儿人继续追味儿，出更多好作品与大家分享。

吴天祥

2018 年 3 月 29 日

于贵阳花溪大学城 贵州大学明德学院

烹专毕业后，我在成都蜀风园工作了一段时间，转战老成都公馆菜，结识了茂钊学弟，那时他半工半读，每天比我们晚上班两个半小时，下课回来后胡乱地捞一口饭就加入我们的"战斗"。说实话，总是我们做好了准备，他一回来就上手操作。看他陶醉于厨房工作，心生羡慕，也就多了一份关爱，总把锻炼机会留给他，总想为他做点什么，毕竟我是师兄，我在他的这个时段也曾羡慕有这样的学习机会。

师弟话不多，勤奋好学，着实有点腼腆。大老远地从贵州来四川，为了学习一门手艺，过着上课后上班，学校和餐厅两点一线的生活，精益求精，勤学好问，将烹饪理论、学校实操和企业工作完美结合，总喜欢将菜肴制作与原理结合起来分析、总结。那时候我们共同学习的经历为我们如今的工作生活奠定了基础，一路前行。

后来因工作变动而分开后，师弟也常常来看我。只要前来成都，总是找机会一见，聊些工作与生活。2005 年，在贵州已经做出些许成绩的茂钊返回成都，主持《川菜》杂志创刊和编辑，还来三圣乡我工作的山庄采风、聊天。后来各奔东西，我辗转多地，他因舍不得家乡味道又回到贵州，失去联系十年有余，其间思念各埋心中。

有一次，茂钊在烹专校友群里解答问题，被我的同班同学发现，告知联络方式，又才联系上。师弟当即要了我的地址，给我快递来一些近期的作品，见到图文并茂、印制精美、内容详实、集合民族民间美食文化和流行各地的时尚菜肴，字里行间时时流露出茂钊对黔菜的情感，和对黔菜深层次的挖掘、研究感悟。翻看一遍，接着再翻，连翻三次，忍不住内心的激动，直接用微信发了一个红包给他，表示对学弟奋斗的认可，对当年合作的追忆，更希望茂钊坚持、坚持、再坚持。

记得当时，茂钊学弟对烹饪非常痴迷，要做艺术家一样的厨师，想要用食品雕刻雕出人物，要做现代化设备，用智能化生产最有潜力、最有名的菜肴……可是后来，回到贵州后"不务正业"地做起了文字工作，追求那些"不实际"的烹饪文化了。2004年的那本《美食贵州》，虽然内容丰富，有一些思想，不过是一本地方菜集子。这次收到的《苗家酸汤》《贵州江湖菜》《贵州风味家常菜》，从不同层次进行深挖，将菜品来源、文化和背后的故事讲解出来，原料详解，菜肴制作步骤清晰，制作关键点都有记录。这和我 20 余年厨师生涯中的追求是一样的，原来我们用不同的方式，追求共同的"味"和"道"。

深思中，茂钊又发来一本即将出版的散文随笔集《追味儿》，邀请我写序，说实话，作为一直在厨师工作岗位上追寻味道的我，既彷徨，又激动。提笔回忆和思考，我们所走的都是茂钊学弟所悟出来的"追味人生"，茂钊学弟的勤奋和执着，尤其是出版这么多图书，让一直在厨师岗位上工作的我有太多太多值得借鉴的。于是乎，我想，无论怎么走，都追味无悔吧。"味"和"道"的融合，就是有感于追味儿，权当为序。

李宁

2018 年 3 月

于四川广元万达嘉华酒店

出生时，用辣椒蘸酒开口后品奶……

幼时，田地里的瓜果蔬菜成了不可多得的游戏玩具……

孩提时代，站在板凳上学厨、事厨，深更半夜或观摩或动手制作腌制肉菜和调味品、半成品、加工品……

少年时代，离家求学，因远离食堂，自己开火琢磨做菜，找寻朦朦胧胧记忆中的烹炒煎炸，从填饱肚子中寻找乐趣……

青年时代，义无反顾地踏进一直追寻的好吃善做的烹饪专业，真正认识烹饪、学习烹饪、领悟烹饪，3 年 30 门课程的学习，另外加上 3 年的半工半读，学有所成。20 年间，深造中文本科，食品加工与安全专业研究生，继续上路，陆续追赶……

工作后，敬业勤恳，努力做到最好，一个背包行遍大半个中国，不论星级酒店、酒楼还是餐馆，学艺或是主厨，三五年技术工作后转管理、培训，再到写作、采编、办协会，最后回到教学……

原来，我一直在"追味儿"，无论是出生时的甜酸麻辣"拿味儿"，幼时早早地从田间"尝味儿"，还是孩提时代物资缺乏的"重味儿"，少年时代自己动手的"找味儿"，青年求学时的"求味儿"，工作中不断进取的"寻味儿"，一直到写完并整理好这本书，才真正认识到，原来一切的一切，都是在铺垫"追味儿"。

我是厨师，无法真正计算甚至估算对厨艺心向往之的时间；我是厨师，踏进烹饪专业、走进专业厨房整整20年；我是厨师，又是厨师的老师，烹饪专业教学8年来，校内校外培养数百人；我是厨师，不断学习，艰苦努力，从基础学起，不断深入，跨专业，又读回专业，提升自我，服务大众；我是厨师，走南闯北，涉足城市，深入乡间，记录整理，挖掘开发，著书立说，心系黔菜。

我又不是严格意义上的厨师，不像传统厨师天天站在墩边切菜、炉边颠勺，时时为食客提供饭菜。我是"不务正业"的厨师，我总是做着别的厨师不能理解的服务工作，所以他们说我不是厨师。但如果我不是厨师，为何思绪总是飘然于厨事边缘的那些别的厨师忽略的事物呢？其实我是一个一直在拼命"追味儿"的厨师。

我"追味儿"，为我的人生"追味儿"，追寻身为厨师的中国梦；为厨师"追味儿"，探寻烹饪拿味之道；为食客"追味儿"，铺平生活尝味之路；为游客"追味儿"，找寻品尝重味之方；为好书人"追味儿"，解读美食求味之美……

来吧，朋友们，请一同跟随我的步伐"拿味儿""尝味儿""重味儿""求味儿""寻味儿""追味儿"吧。

吴茂钊

2018 年 3 月

于贵阳花溪河畔茂钊食文化传播公司

目录

第一章　追味儿

第二章　寻味儿

第三章　尝味儿

第四章　求味儿

追味儿

爱上烹饪，选择从厨职业生涯。

儿时的爱好，促成自己就读烹饪专业，厨师工作不愿舍弃。

因不满现状，动手写作，深造中文本科，因教学所需，深造食品硕士，只求更好。一切的一切，归根于将追味儿与人生领悟于一体，追味儿是一生的梦想，一生的职业追求。

一幕幕儿时的厨房场景，一件件工作中的同仁趣事，一道道亲手操刀的美味佳肴，一次次奋笔疾书的记录写作，说是爱好，不如说是感悟。

黔辣，
一坛突然打碎的老酒

老家的长辈说，当年我呱呱落地，族中老者取来一只鲜辣椒，用辣椒头蘸一点白酒，放在我的鼻子处嗅一嗅，又放在我嘴里让我舔——如同一场洗礼，而这正是不少贵州当地人所经历的——先尝了辣椒和酒后才吃上奶，睁眼看到这个世界时就接触到辣椒。

民间俗语有云："四川人不怕辣，湖南人辣不怕，贵州人怕不辣。"其实贵州人是全中国最能吃辣的，因为黔人食辣，讲究的就是一个"纯"字，没有五花八门的作料，没有拐弯抹角的讲究，直奔辣椒而去，甚至在痛饮白酒的时候也不忘丢进嘴里几个辣椒。

我的童年在贵州农村度过，儿时的玩具，就是庄稼地里小孩够得着的农作物,辣椒自然是最多的。那时候生活水平相对较低,大人们忙于生计,饥饿的孩子玩着玩着就把辣椒塞进了嘴里,伴随着哇哇的哭喊声,能解决口中灼热的只有母乳和山泉;年龄稍大一些,一到冬季,小娃儿总会拽着年迈长者的衣袖,一起走进辣椒地里收集掉落的辣椒,带回家穿成串挂着,日晒雨淋后那辣椒渐渐变成白色,将其用盐炒至酥脆,佐酒下饭,咬上一口,辣香满口,头上冒汗,滋味醇厚不带一点杂味。布依族的做法更为直接,将秋后辣椒收回,放在木甑里蒸熟,晾于通风处,晾干后同样香酥,无不让人感受到纯辣所在。

贵州除汉族以外大杂居、小聚居着苗族、布依族、侗族、彝族、仡佬族、水族等49个民族,各民族团结融洽,民风淳朴且豪爽正气。深入贵州的腹地,别的不用多带,一包糖果抓几把分给村寨里的乡亲,就能让你在陌生的地界如鱼得水、畅通无阻。在我看来,黔辣,正如黔人之淳朴。

时光＋山野香料,原生态黔辣风味

秋后天气下凉,一年生作物辣椒慢慢地枯萎,贵州农人们将还未来得及由青变紫、由紫变红或者半青半紫、半紫半红的辣椒收回,洗净晾干,用绣花针将辣椒的一边竖着划开口,再把慢火炒至香脆的混合米(籼米4份,糯米6份),用石磨磨成粗粉,拌上盐,加入青花椒之类的山野香料,与辣椒一起装坛。

但这还不算结束，最重要的一步这才开始——在坛口塞上稻草或核桃叶，两人抬起坛子，迅速将其反扣在配套的、加满水的坛钵中。剩下的就全部交给大自然——待其自然发酵，米粉会从配套的坛钵中慢慢吸水，坛中的辣椒变得滋润、回酸、醇香。一个月后，将辣椒取出，放在米饭上蒸熟，再加少许猪油，炒香蒜苗或切碎的葱花，与粘有少许米粉的熟酢辣椒一同炒香，香糯、酸辣、醇厚的美食就成了乡村里的高级佳肴了，味道不比大城市酒店的菜肴逊色。只要保持放置倒扑坛的位置干燥、通风和保证坛钵中水不干，随用随取，常年不坏，越存越香。

如果从辣椒自明末清初进入中国推算，该工艺应该是酢鱼、酢肉之后创新发展而来的。《释名》云："酢，酝也，以盐糁酝酿而成也，诸鱼皆可知。"《齐民要术》中"作鱼酢法"记载有"糁拌及用倒扑坛贮藏法"。《广韵》记载："以盐米酿鱼以为菹，熟而食之。"《岭外代答》载："南人以鱼为酢，有十年不坏，且老酢为最。"从而得知酢是中国古老烹饪技术之一，也是古代贮藏肉类的方法之一。而酢辣椒之后，又发展出酢冬瓜、酢辣椒面、酢芋丝等。此法曾经影响东北亚、东南亚和中东地区，后来仅存于贵州、湖北恩施和日本少数地区，而酢辣椒仅存于贵州。贵州的酢辣椒能留存下来，也许是出于深山生活之无奈，或是淳朴之人做纯粹之事，品纯辣之食，传纯美之技艺于后人。

极端挑剔的贵州舌头

出生在厨师世家的我，3岁就开始跟着大人做辣椒，4岁踩着小板凳站在灶台前自己做苞谷饭。或许是辣椒情结，毕业后全国各地游学两年后，毅然回到贵州从事烹饪工作，闲暇时光则不分昼夜奔赴贵州民间，吸取民间烹制辣椒与美食的技艺精华。

在黔菜馆，点一个"辣椒炒辣椒"，不管菜单上有没有，服务员和厨师立即会把你当成家人一般对待。贵州人种辣椒、做辣椒自有一套，对辣椒制品的要求，多取决于自家的独门传授和实践，也是品尝百家后独到的感受与追求。不少贵州人外出，总是随身带着自家制作的辣椒调味品，而外地人会纳闷为何不能在超市购买各式各样的贵州产辣椒调味品。其实贵州人对辣椒的挑剔，已经超出了一般人的理解。

贵州人吃菜的时候能享受到九分辣，绝不忍受八分。这样挑剔的舌头，也造就了贵州厨师很重视"功夫"，要将辣椒烹制到极致，比如炒菜时都会先小火慢慢煸干辣椒，即使遇到富含水分的菜肴，也要让辣椒能长时间保持爽脆口感。对于贵州的各个菜馆来说，且不说菜式如何，如果大厨烹饪辣椒的味道不正，关门大吉的日子总是不远了。

梦魂萦绕故乡味

从小在故乡长大，后因种种原因离开故乡的人，或多或少有些留恋、思念故乡的美食。我从小生长在大娄山边，虽然离开老家才短短几年，可家乡的美食却无时无刻地浮现在我的心底，对故乡的美食仍然记忆犹新。

"饭盖菜"

时下，"菜盖饭"正流行于各地，就是将一部分烹调好的菜肴盖于米饭上供食用。这让我想起上世纪 80 年代中期在苗族亲戚家中吃的"饭盖菜"。

那时，每年都随妈妈去老外婆家拜新年，老外婆居住在海拔一千七百多米高的一个苗族村寨中。那里每年都有 1 ~ 2 个月冰雪期，那段时期吃的蔬菜是山下亲朋送来的白菜、萝卜；

肉食则是腊肉及老外婆家祖传的"油底肉",还有那时很易捕猎来的野味。儿时好动好走,有时见妈妈不想去,我就自告奋勇与舅舅一同去走亲戚拜新年。不料有一次却"出师不利",一碗饭后主人添来的饭却是"饭盖菜",刚吃几口就觉得不对劲,平平的一碗饭中除了表面上是一层混有米饭的苞谷饭外,下边全是些摆在餐桌中间的红烧野山羊肉。年龄相当的玩伴则嬉笑着说:"不吃完就不和你耍了。"硬着头皮吞完了那碗"饭"。此后,无论走到哪儿,哪怕是去高档酒楼用餐,我再也不让别人给我添饭了。

"菜"不见了

在我们老家,每年的 3~5 月是蔬菜淡季,白菜、萝卜也下市了,莲花白也不爱包成一团了。除了用腊肉炒些香葱头,就是蒸酸酢肉、酢辣椒和吃坛子腌菜了;汤,往往是用油汤煮面条。一次,家里来了几位客人,见面条上桌,以为是为他们煮的"垫底饭",就稀里糊涂地吃了,这下可好,待开席后,妈妈见"汤菜"没了,硬说是被我端去哪儿藏着了。在那时,有客人在,小孩是不准乱说话的,搞得几位客人好生尴尬。

老外婆的油底肉

　　我的老外婆谢光英一辈子居住在贵州桐梓县马鬃苗族自治乡那海拔一千七百多米高的大娄山上。在我们多次邀请下，外婆终于答应到贵阳城里过春节。老外婆来了后，我这个专学烹饪的外孙被她的油底肉迷住了。我们还没吃完她老人家带来的秘制油底肉以及常年在柴火烟子上熏制的老腊肉，她就开始说不习惯要回去。眼见老外婆要走，我问妈妈为什么不会做油底肉。妈妈说："那是你老外婆的老外婆传下来的，从来就不让别人学，现在只有她一个人会做。"怎么办呢？于是我这个学烹饪的外孙决定"偷学"，继承她老人家的秘制油底肉做法，免得这么好吃的油底肉失传。

　　那段时间，我只要一下班就陪着老外婆，想着法子让她老人家开心。我对她说："您做油底肉几十年也没坏过一次，但没人会做，要是您教会妈妈和我就好了。""不教她，我的外婆传给我时就说要隔代传。"看她笑眯眯的，我知道有戏了。老外婆继续说："你小妹还小，又只喜读书不爱做菜，你读大学都读做菜的，做的菜也是我爱吃的，我只教你做。不教你妈做，你学会了别回老家教别人做就成。"然后，老外婆开始向我传授她做油底肉的经验和秘诀。我如获至宝，不停地问这问那。由于是老外婆真传，我最终试制成功了。今年我陪妈妈又去接老外婆，老外婆说要背上她做的油底肉上路，我笑眯眯地说："只要老腊肉就行了，不要油底肉。"她问："谁做的，都有哪些人会做了？"妈妈说："吃过您做的油底肉的人都说好吃，几十年都没跟您学到。偷偷学着做不是发霉发酸搁不住，就是成了油渣没特色。现在只有您的外孙会做。"老外婆吃了我做的油底肉后，沉思了半天，对我说："我也吃了你学来的那么多菜，别人教你，我的菜你也教别人吧。"

于是，我征得老外婆的同意，将它整理成文，抛砖引玉，为那些积极挖掘民间菜、民族菜和民俗菜的酒店和厨师们提供素材，让更多的人吃上我老外婆的油底肉。

油底肉因装坛后肉沉底而得名，制作方法独特。猪腿肉去皮去骨后切成 500 克左右的均匀大块，加入精盐、花椒面、糊辣椒面、米酒，低温下在木桶内腌 3 ~ 5 天后取出，用清水洗净，放入筲箕内晾干；猪油烧热，慢慢投入腌好且晾干的肉块，在锅中炸至水分干时，连油一起装入土坛中浸泡，待油冷凝固后加盖密封，一个月后即可开盖取出，拌、炸、炒、炖、煮皆可。切记制作中改刀时，根据一餐食用量或一份菜的量切成自己认为合适的形状。腌制肉 3 ~ 5 天，让味腌透，并保存在低温下，以免肉变质。腌好的肉要洗净表面的精盐、煳辣椒面、花椒面，以免在炸制时沉渣焦煳，影响油质的色和味。洗净的肉要晾干表面水分，以提高炸制速度并避免在炸制过程中猪油爆出烫伤人。炸肉时必须炸透，炸干水分，否则肉浸泡在油中会发霉、变味、变质，放油后也会起泡，时间长了油还会酸败、变色、变味、变质。炸肉时，可用熟菜籽油或精炼油，也可用混合油炸制，取用时更方便、更易取出，但保存时间要短一些。装坛最好选用不透光的密封的土坛，装入坛中的肉必须一个月后才能开坛食用，否则瘦肉部分还是焦脆的，改刀时也易碎，且粗老不香。装坛冷却后须密封好，摆放在干燥通风处并随时注意周边卫生。吃多少取多少，每次取用后均需密封好，可保存 1 ~ 3 年经久不坏。油底肉既有鲜肉的清香，又有腌肉、腊肉的陈香，软嫩不腻，回味无穷。

一碗坨坨肉

对于出生在大娄山边的我们这一代"七零后"来说，记忆中最为深刻的美食就是飨宴上的那一碗坨坨肉了，无论是田坝人家的米饭，还是高山上的苞谷饭，抑或山腰上的"金裹银"混合饭酒席，围坐在八仙桌边上的男女老少，扒拉着各种菜肴填充或饥或饱的肚子，眼睛不听话地环顾四周，等待着手端"茶盆儿"的大汉，飘然移步桌前，稳打稳扎地抬下一碗大菜——坨坨肉。

聪明的席客碗中必须要留有饭，待席中长者从上席处出手，从红红的汤碗中，眯着眼夹起一块菱形、白里透红、红白相间的大块坨坨肉后，十四只筷子从四面伸来，寻找自己的目标，不出半点差错地夹肉回碗，刨一堆饭盖上，抬碗靠近胸前，低头快速将嘴巴与碗筷用最短时间接触，连饭包肉地按进口腔，赶紧急促地呼气，一股股十足的肉香飞快地从鼻孔和口腔往上蹿，好似直接进入脑浆一样在脑袋里回荡，伴随着红彤彤的辣椒面经炒香后加汤烧出来的香辣味，知觉好像就此凝固，但又忍不住赶快咬上一口肉，嚼几下，不管三七二十一，眼睛一眯，将既脆又软又好像不脆不软的肉连饭几口吞进肚中。

记忆最深刻之处是吞了那口肉后，瞬时再睁眼，看看碗中是否还能剩下一坨肉。没肉后，碗中那碗红辣椒油汤，也是值得期待的。同样等待长者抬起肉碗往饭碗里倒汤，桌上席客的饭碗第一次全部放在了桌上，排队分坨坨肉汤了，这可是最好的"下饭菜"，尤其是苞谷饭更需要这汤来泡着吃。狼吞虎咽、大喜大悲、饭后喝水都是记忆深处隐藏的这坨坨肉的秘密，要是来一个饱嗝，味道突然地上蹿，瞬间泪流满面，那可是辣中焖油、油中辣喉啊。

记不起从几岁开始有这样的感受，但是这一感受一直延续到十七八岁，这碗坨坨肉将我们这一代送进了大学，送进了社会，各奔前程。

随着生活水平日益提升，从早先的富人家酒席上每人有两坨肉，慢慢地变成家家都有两坨肉。"七零后"的黔北汉子妹子们，纷纷离开家乡寻梦，留在了他乡生活，慢慢地没有了坨坨肉吃。偶有回乡探亲，碰上个婚丧嫁娶，还可捞得几坨肉吃。但这个时候，大多数人发现，越来越难得找到当年的感觉了。

2015 年 8 月，《中国黔菜大典》编撰工作在遵义召开会议，接受遵义电视台采访时，我从总主编角度说了编撰黔菜大典的意义和想法，随后回答了记者提问的遵义特色黔菜黔点。不多久，一个电话打进来，直切主题，说："老同学，我推荐黔北坨坨肉入典可以不？"心中一股暖流，勾起了回忆，感动地说"要得要得，过两天好好商谈，做做功课。"

没几天，见到了 20 年未见的高中同学王书泽。老同学见面，居然没有开场白，直接切入主题，书泽同学说，想念那一碗坨坨肉啊，所以从广东回乡创业了；想念当年那一碗坨坨肉的味道啊，所以做养殖了，做黔北黑猪的保种，坚持生态养殖，要找回坨坨肉的味道。简洁而朴实的几句话，让从事 20 年烹饪工作、十余年来坚持黔菜研究与推广工作、执行黔菜大典采编时的我感到一股新的力量，推进黔菜发展，更要推进健康饮食。

与书泽同学和编辑部同事去家乡绥阳，我自然是给同事们当起了向导。诗乡绥阳又是黔北粮仓、辣椒之乡、金银花之乡、空心面之乡、酸鲊之乡，涉及到猪肉的知名菜点则是烘肉粉、大肉粉、肉丁豆花面、酸鲊肉、笼笼鲊、阴苞谷炖腊猪脚等，当然最著名的还是民间的坨坨肉。

来到书泽家所在的青杠塘，也是我老家的隔壁，见到书泽同学在家门口建起来的一排排现代化猪舍和配套设施，为家乡有这么好的条件感到震撼。走进舍内见到清一色的黔北黑猪，好像一下子回到了儿时，与猪牛隔墙而居的年代，好似置身于当年的环境中，闻到了坨坨肉的香气……

厚道的书泽同学说他同我一样，时时回味当年的一景一物，仿佛置身于烧制坨坨肉的灶台边，抑或坐在了八仙桌旁，正期待着手中的筷子，随时伸进酒席中央那碗满口流油、肥而不腻、香糯辣爽的坨坨肉。原来当年只是为吃而吃，今天回味起来，才真正理解坨坨肉之味是那么地神秘……

原来这才是书泽同学回乡创业做生态养殖的目的，为的就是自己和大家共同思念的，那一碗坨坨肉的神秘味道。

忆起儿时糟辣子

糟辣子，又称糟辣椒，细化品种和食用方法均不计其数，是贵州特色辣椒调味品中最为显著的一种，食用地区以贵州为主，也包括临近的渝、川、滇、湘、桂等省区。近年来流行的湖南剁椒、苗族布依族辣酸，均是糟辣子的衍生品种。

有人说，糟辣椒如同川菜中泡椒、泡姜、泡蒜的综合体。的确，在贵州，烹制鱼香肉丝和鱼香味系列美馔，均是加入糟辣椒制作而成，而且大大简化了川菜经典味型之一的鱼香味的调制。我在黔渝川滇学厨从艺、走访民间和餐厅后，不由得忆起儿时的糟辣子来。

孩提时代，居于深山，整天游玩在草垛、田坎和山坡，与牛羊为伴，爬树采野果，下河摸螃蟹……肚子咕噜叫时才回家，要么爬上灶台，挑一碗米饭，灌进砂罐里熬煮好的老茶汤，配上白糖，囫囵吞下一碗茶泡饭；要么就着苞谷饭，舀上一木勺糟辣子拌匀，大口填饱肚子。然后再跑出去掏鸟窝、摘别家未熟的水果等小孩子经常做的事。

那时的孩子也常跟着大人们忙碌，在自家的地里耕耘，一季紧跟一季翻种。比如辣椒，在采摘了一至二次鲜红辣椒后，将 辣椒连根拔起，捆成把背回家，挂在房檐下，夜晚或者下雨天时，摘下肉质厚实、个小的鲜辣椒，分开青红、去蒂，再到地里挖些新鲜子姜，取些屋里刻意留下的大蒜瓣，分别洗干净，晾干水分，按照手感或者是曾经见别人制作的大概比例混合，放入木盆，用专用长把砍刀反复砍剁成粗细不均匀的米粒大小，放盐、火酒（自酿白酒）或者甜酒汁（经反复的试验，按照辣椒、子姜、盐、蒜瓣、白酒的重量比为50：5：4：2：1最为合适），装入土坛中，加盖，注入坛沿水，密封。大概半个月后就可以作为炒菜用的调料了；一个月后，可以用于凉拌菜肴；但要用于拌饭，起码得等上三个月，最好是一年以上。这时的糟辣子，完全没有了鲜辣椒的生辣味。红辣椒制作的糟辣子色泽鲜红，青辣椒制作的糟辣子酱青鲜艳，香浓辣轻，具有微辣微酸而又香、鲜、嫩、脆、咸等味道鲜明而又相互融汇的风味特色。

那时，制作糟辣子这样的调料，多数是奶奶领头，妈妈参与，主要是为了教会下一代人制作工艺。富裕一点的家庭，或者是人数多的家庭，除了用这种被称作是"罢脚"的新鲜辣椒制作糟辣子外，还有将辣椒、子姜、大蒜瓣切成丝或块，用同样方法制作成糟辣椒丝、糟辣椒块，分坛装后，制作不同的菜肴，或以此为腌料，再次腌泡蒜薹、洋姜等小菜。还有的做法是在砍剁辣椒时，不加姜蒜，剁好后略调盐、甜酒汁，再拌入用大米和糯米混合炒香、用石磨磨成粗粉的米粉子，装入无沿土坛中，坛口塞入干稻草或新鲜核桃树叶，反扣在注有水的土钵内，大概两个月就可以取出蒸食，蒸熟后再炒制的被称作为鲊辣子，鲊辣子是一款风味菜肴，而不像糟辣子既可直接食用，又是一种调味品。

糟辣子在贵州可谓人人喜爱，老少皆宜，在黔菜调味中是必不可少的，是烹制鱼香肉丝等鱼香系列菜、糟辣脆皮鱼等糟辣系列菜、贵州回锅肉、怪噜饭等家常风味菜时之必需。还可用糟辣椒当作基料制作腌菜、泡菜、凉拌菜，制作这些菜肴时，其他调料不宜复杂，尽量保持糟辣子固有的腌泡后产生的酸鲜味和作为菜肴底味的香味，同时尽量保持其脆嫩的口感，还可以不加任何辅料，成为独立的糟辣子蘸水，真可谓是拌饭的好佐料、好玩意。行文到此，仿佛又回到了拌食糟辣子苞谷饭的情景，期待着能再次吃到那样的美味。

手工美食糊辣椒

糊辣椒，俗语又称作糊辣子，贵州独有。是将干红辣椒在木炭火上烧（烘、焙）焦糊，用手搓细或用擂钵舂细成面（粗粉）而成。不愿用手搓又没有擂钵的家庭常用自制的竹筒竹片，将烧（烘、焙）焦糊的辣椒装入竹筒中用竹片绞碎。大量制作时还可以将辣椒在锅内慢慢炒焦糊，用擂钵擂细或在机器内绞细成面。

从烹饪专业来说，看似再也简单不过的糊辣椒，其传奇之处在于众多的品种和数不清的吃法。

少年时代，我把烧制糊辣椒当成最为好玩的事情之一，在烧柴火煮饭的间隙，将木炭取出，再用火钳夹着干辣椒放入热炭灰中，反复地翻滚，借用炭火灰的余热烧焙烘制辣椒，一直到辣椒内部棕红、外部焦脆时再将辣椒从炭火灰中分离出来，基本晾凉后，用手拍拍灰土，两手夹着辣椒搓成粉状，就成了煳辣椒。因为每次制作的成品粗细不均，因此也被大家称作煳辣椒面、煳辣椒粉。

在整个制作过程中，烧焙或烘制辣椒所产生的辣味会呛人鼻喉，但不知怎的，小孩子们大概因为好奇会坚持去做，有时还会提前用毛巾捂住鼻子去体验这一过程。这个搓制方法更是有诸多让人意想不到的后果，虫子叮咬脸部甚至眼睛，一不小心用手去抹一下，会使眼睛或脸部火辣辣地难受半天，更为甚者是小男孩，做此工作后忘记洗手去方便，用手牵拉"小鸟"，难受之余还不敢声张，这样的滋味只有体验后才知道。

因为这些方面的问题，乡村里的人们在农忙之时，便有用镭钵擂制或用特制的竹筒绞制煳辣椒等诸多方法。其实这样的"手工美食"讲究的是现做现吃，所以家家有镭钵，户户有竹筒竹片，餐餐自做煳辣椒。

如今酒店餐厅制作煳辣椒，由于人手限制，以及用量的不确定，多为专业厨师将辣椒在干锅中小火慢慢煸炒至外焦黑、内棕红后，离火晾凉，再放入搅拌机中绞细或者装入布袋压揉成粉，经过机器搅拌的较为均匀细致，但香味严重损失，与手工美食比相差甚远。

说来这么讲究，煳辣椒真有那么吃香吗？其实煳辣椒的最主要功用，是用来做煳辣椒蘸水蘸食汤菜。煳辣椒蘸水在乡村通称素辣椒蘸水，是用煳辣椒面、盐、姜米、蒜泥、葱花制成的，在食用前加入汤菜中的汤汁调制而成。根据汤品不同，可以加入花椒面、酱油、味精、水豆豉、豆腐乳、芹菜末、芫荽末、折耳根末、苦蒜末、木姜子粉或红油、米汤等，有时根据个人喜好，还可以加入野菜，既可以作为蘸水，也可以拌饭吃，其味爽口清新，辣椒脆爽煳香。

　　除了蘸水，煳辣椒也用于凉拌菜中。拌制卤菜时加入煳辣椒面、葱花或野菜足以。拌各种鲜蔬，拍些蒜泥，加入酱、醋、的煳辣椒味道清香，回味爽口。吃早餐、吃烧烤、品泡菜，滚上一层煳辣椒面，只有亲自品尝后才知其味无穷。

辣得起，放不下

　　特定的自然条件，造就了贵州丰富的自然资源。贵州辣椒品种繁多，食用辣椒方法不计其数，民间家常菜几乎无菜不辣，而且近乎餐餐都要食用辣椒蘸水，就连喝酒也不会放过辣椒。

　　贵州盛产辣椒，它是人们日常生活中重要的蔬菜和调味品。如产自遵义市的小辣椒就有近 400 年的历史；辣椒种植大县绥阳县 2000 年种植面积就达 13.8 万亩，产量 1.75 万吨；遵义县已出现辣椒专业村 30 多个；绥阳县和遵义县虾子镇均建有中国辣椒城。随着辣椒产量和质量的提高，人们对辣椒的需求量越来越大，贵州省辣椒的生产及加工规模也在全国名列前茅，大小辣椒加工企业数百余家，辣椒产品和制品销售到全国各地，有的产品甚至已跨出国门，远销百余国家。

　　贵州各族人民烹调辣椒的方法很多，煎、炒、烹、腌、糟、泡、烩、炸、蒸等，特别是制作调味品和辣椒蘸水有其独到之处。

辣椒下酒

"贵州人生得恶，喝酒下辣椒。"这句俗语所说的"恶"非凶恶，而是胆大，喝酒时把辣椒作为佐酒美味。贵州人素来嗜好阴辣椒和油灯辣椒佐酒，辣椒的辣与酒的辣味相融，别有一番风味。尤其是居住在贵州的布依族人家，餐餐不离阴辣椒，家家会做，人人爱吃。阴辣椒的制作极其简单，就是小尖青辣椒去蒂洗净，蒸至熟透后放在干燥通风处阴干即成。另一种阴辣椒又称面辣椒，是阴辣椒的"姊妹"，制作时将小尖青辣椒去蒂洗净，切成丝，拌入酢粉和精盐，装入甑子内，上火蒸约60 分钟至熟透后取出，摊入一盛器内晒干，晾晒时，要用筷子翻动几次，以免粘连成坨。待油炸酥后食用，也可用作炒牛干巴、老腊肉等重油少水之原料，其成品辣而不燥、香糯微酸、回味悠长，最适于佐酒。

油灯辣椒出于遵义民间。旧时，人们用生菜油作为燃料，放一棉麻灯芯点燃，作为晚上的照明工具，不知是谁酒醉后，抓起一个干辣椒在灯火上烧煳，放进嘴里，顿时满口生香，别有一番风味。后来，越来越多的喝酒之人效仿，直至今日仍在民间流行。在遵义的羊肉粉馆，笔者就尝试过在提前点好的生菜油灯上，根据店主提示，自己烧了两个辣椒，浸泡在羊肉粉里吃，确有一番风味。当时亲眼见到当地老年人边吃早餐边喝酒，其佐酒小食就是现烧鲜品油灯辣椒。

随着工艺发展，下酒的辣椒又出现了筒筒辣椒（即干辣椒段）与芝麻、米粉面等制作的香辣脆系列产品十余种。

辣椒佐饭

"好吃不过辣椒拌饭"，这是去过贵州的人常提起的。我刚入行时，成都一酒家的厨师长就跟我说起这句话，我马上回应，小时候在老家遵义确实是这样吃的。不料他的回答让当时刚入烹饪行业的我大吃一惊，他说他曾经在贵阳从厨，店家历来准备有新鲜青辣椒、毛辣椒（贵州俗语，即西红柿）在火上烧熟，去皮剁蓉，拌上盐、蒜蓉、酱油，供食客作为下饭好菜。如今，不少专供炖鸡饭、牛羊肉粉和肠旺面的小店，还配有这个小菜供食客免费享用。

乡村的辣椒拌饭更为简单直接，与大多数酱油拌饭相似，在春夏交接期间，农村蔬菜青黄不接，往往是一碗白饭，加上一勺色泽鲜红，具有微辣微酸而又香、鲜、嫩、脆、咸风味的糟辣椒。大多采用新鲜子弹头朝天椒和小米朝天椒，去蒂，混合洗净，加入子姜、蒜瓣、鲜茴香籽，用石磨磨细后放少许精盐，再装入带有坛沿的土坛中，加盖，注入坛沿水密封 30 天后即成辣椒酱，与米饭拌匀即食，红彤彤的，不细看，好似在大碗吃辣椒呢。因为制作糟辣椒和辣椒酱都是在秋收后，多数辣椒已经是生长后期，所以辣味不是太重，加上腌制的作用，自然发酵所产生酸味减弱了辣度，很是美味，能开胃健脾。

辣椒拌菜

贵州辣椒拌菜，有冷热之分，还有小吃之法，方法不复杂，味道别有一番滋味。冷拌谓之"拌"，热拌谓之"烧"，小吃则称为"干熘"。

拌制菜品多数采用减辣增香、辣而不猛、煳辣香味浓郁的煳辣椒，或用糍粑辣椒炼制红油后剩下的油辣椒。酥香渣脆、辣味适口的油辣椒以及糟辣椒、辣椒酱、烧青辣椒等可用来直接拌制菜肴。一道煳辣椒拌莴笋叶就是某黔菜馆的招牌菜，能让贵阳食客们多年来念念不忘。此外还有油辣椒拌生菜、糟辣椒拌白肉、烧青辣椒拌牛肉、烧青辣椒拌茄子等，经典菜肴不计其数。通常情况下，烧青辣椒拌菜必须加入采用同样方法烧制的烧毛辣椒（烧西红柿）同拌，而烧大蒜的加入，也是形成其独特风味的关键之一。

把热拌谓之"烧"，多为少数民族菜肴，侗族烧鱼就较为典型，此烧非热菜的烧，而是将新鲜稻田鱼（稻田中与水稻同养，秧稻不施肥、不施药，鱼不添加饲料，秧鱼互生，平衡生态）用炭火烤熟或者高温油炸熟后，撕成大块，用山野菜和煳辣椒拌制成菜，还有侗家血红选用猪肉和杂菜用同样方法制熟，辅以新鲜猪血、煳辣椒、油辣椒拌制食用。

"干熘"似乎难以让人理解，中华名小吃遵义豆花面较有代表性，是将豆浆煮制的碱水宽面浸泡在豆浆中，食用时，与豆花一同夹入肉丁、油辣椒和野薄荷等调制的蘸水中食用。可能是因为豆浆煮制的面条热拌后更为香醇，所以在遵义市及所辖的区县，人们更喜欢的是这种肉丁辣椒野菜热拌面，当地人通称"干熘面"，进店直呼"豆花面、干熘"，或者是更为简单地丢下两个字——干熘。除了豆花面，还有油辣椒、酸粉（贵州人特别嗜好的大米发酵后制作的粗米粉）做的香辣素粉，又叫干熘酸粉；土豆切片过油后用煳辣椒面或五香辣椒粉与野薄荷拌制的干熘土豆；盐酸菜、煳辣椒热拌的鸡片，叫干熘盐酸鸡；花蟹与臭豆腐蒸熟，撒煳辣椒，炝烫油，加葱花热拌，叫臭豆腐干熘花蟹，等等。

辣椒调味

贵州辣椒调料数十种，多数可以直接食用，在烹调中可以在主料下锅前的热油中预制，也可以在主料快熟或全熟时调入。各具风味，往往是后者味道更为醇厚。

糟辣椒调味应用较为广泛，独立炒、烧、蒸制菜品则可调出糟辣味，其酸鲜味厚，色泽鲜红，风味别致，贵州家常回锅肉即是用糟辣椒炒制的；与葱花、糖醋结合，可调出川菜中的鱼香味；与毛辣椒酱同腌，可以做出如今流行的创新菜品凯里红酸汤。

与糟辣椒相似的还有泡椒、腌椒、辣椒丝、面辣椒、鲊辣椒、辣椒块、辣椒酱、豆瓣酱等。

油辣椒调味应用范围仅次于糟辣椒，油辣椒由于已经提取了红油，其香味足、辣味适中。但多数情况下与本地豆瓣酱、干辣椒共用，取其豆瓣酱的底味、干辣椒的辣味，体现油辣椒的香辣，此类菜品大多被称之为香辣味，多应用于炒菜和干锅菜品。

干辣椒、糍粑辣椒多调制煳辣味、香辣味菜品，而且不能用油辣椒替代。制作老贵阳辣子鸡时，生菜油不宜完全烧熟透、糍粑辣椒也不能炒得太干，就是油辣椒不可替代糍粑辣椒之处，最后的成品香辣、亮红，回味有生菜油、生辣椒之味。制作黄焖牛肉和干锅牛肉时，糍粑辣椒、干辣椒和豆瓣酱略炒后，加入余水、过油后的主料，一同炒制至糍粑辣椒无生味、出香色红，使其香辣味完全融入牛肉后再进行烧制。

辣椒蘸水

贵州蘸水有放料自由、投料时间随意的特点，不同菜肴要用不同的蘸水，同一菜肴又可配多种不同的蘸水。

辣椒蘸水十分讲究，比如最为常用的素辣椒蘸水，此蘸水绝不能加入各种带油的调料，食用时舀入所要蘸食的菜汤或米汤稀释即可，因全素无油，味道煳辣，爽口清新，辣椒脆爽，回味煳香，可用作素菜、炖菜的蘸水。传统名菜金钩挂玉牌、酸菜小豆汤、炖猪蹄等必配有此蘸水。水豆豉蘸水用水豆豉、煳辣椒面、精盐、酱油、味精、木姜子粉或油、姜米、蒜泥、葱花调成，还可以加入芫荽末、折耳根末、苦蒜末等，咸鲜豉香，煳辣清爽，是素菜蘸水中的佳品。烧青辣椒蘸水是将烧青辣椒剁碎、烧毛辣椒（烧西红柿）剁碎后混合，另调入少许煳辣椒面，用盐、酱油、醋、味精、姜米、蒜泥、葱花制成，还可以加入木姜子粉或油、芫荽末、芹菜末、折耳根末、苦蒜末等，适于煮豆腐、炖菜等蘸水或拌烧茄子、佐饭等。此外其他各类辣椒调味品均可制作辣椒蘸水。

贵州历史文化名菜金钩挂玉牌作为典型的家常素菜，虽然只是简单的豆芽煮豆腐，之所以能成名，取决于它必带的四个蘸水——素辣椒蘸水、油辣椒蘸水、烧青辣椒蘸水和豆瓣酱蘸水。中国名菜花江狗肉的蘸水，除了调料丰富，需要煳辣椒面、花江青花椒面、砂仁粉、八角粉、沙姜粉、芝麻粉、酥黄豆、豆腐乳、精盐、味精、姜米、蒜泥、野薄荷、葱花之外，还必须在食用前冲入烧得极烫的热狗油、生菜油和猪油的三合油烫香，舀入狗肉原汤兑成蘸水，且不可提前烫好，食用时辣香可口、香味特别。恋爱豆腐果蘸水在常规蘸水基础上，还要加入八角粉、贵州菜特色配料脆臊、油酥黄豆、熟芝麻等，其辣香酸鲜、香味浓郁。总之，贵州的辣椒蘸水家家不同，品种无数。

外地人总是不敢相信"贵州一怪，辣椒是菜"的说法，其实在贵州辣椒炒辣椒、辣椒蘸辣椒到处皆是。虽有"四川人不怕辣，湖南人辣不怕，贵州人怕不辣"之俗语，但对于贵州人来说，可谓"黔之辣，辣得起，放不下。"

贵州麻辣语录

· 做不来辣椒嫁不了人。

· 贵州人生得恶，喝酒下辣椒。

· 就来一碟辣椒炒辣椒。

· 欧洲的甜，欧洲的香，比不上断桥的柴火煳辣椒。

· 辣椒不辣不如吃茄子，喂狗不伤人不如养羊子。

· 辣椒越小辣劲越强。

· 未进贵人门，先闻辣椒香。

厨房里的"职业杀手"

七十二行，行行出状元。在餐饮企业的厨房里，有一个不起眼，却必不可少的小小岗位——宰杀工，俗称"杀手"，具体工作则是专门负责食物原料的宰杀和清洗。在这个圈子里，常常有一些不同寻常的人和事。笔者就接触过三个具有传奇色彩的人，在此与大家分享，信不信由你，反正我是亲眼所见。

超级"杀手"老孟

出校门不久，我应聘到一海鲜城做凉菜，那是上世纪的事了，将鱼虾蟹、牛蛙一类的原料做成花样繁多的凉菜，当时倒是不太多见。初出茅庐，总爱问这问那，久而久之，就和40岁上下的宰杀工老孟熟悉起来，成了好朋友，有事没事老是去观看老孟那娴熟得不能再娴熟的"杀手"工作，别的不说了，就以一例与大家分享。

老孟杀牛蛙的功夫一流，这样的技术拍成电影也许只能用电脑合成。只见老孟轻松地抓起一只牛蛙，用左手拇指、食指捏住牛蛙的腰部，牛蛙的屁股靠在了他的手掌根部，好似在按摩，不知此时的牛蛙是甚觉痒痒，还是身体不适，后退直蹬，大口喘气。此时老孟举起右手，玩起太极，缓缓地放到牛蛙的肚子那里，说时迟，那时快，一个快拍，牛蛙的内脏瞬时从口中吐出，留下的是不规则的扭动，可能在为自己伸冤，又或者在感慨为何生命如此脆弱，走得这么突然。还没等旁人缓过神来，老孟就将其加工成了符合要求的半成品。

以后与老孟的接触中，断断续续地了解了老孟的经历。老孟 16 岁入行，一直在厨房里从事宰杀工作，在同事们都快速换成墩子、炉子工作时，他反倒是对自己的本职工作入了迷，一门心思地钻研起了宰杀的技巧和诀窍来，偶尔谈及未来，老孟不假思索地说要继续做这份工作。多年过去了，我也因为工作原因早已离开了那家海鲜城，不知道老孟现在如何。但是回忆起聊天时他坚定的眼神来，我猜老孟一定还在他的岗位上。

不杀不行的阿甘

阿甘来自广西，长得瘦而高，典型的南国汉子。我在一家蛇餐馆与他结识，此兄的杀蛇技术甚是厉害，无论是什么样的蛇，从不胆怯，也从未失手。

见到他的时候，总会认为他是舞蹈演员或是杂技爱好者什么的，那双细长的手整天都在不停摇晃，从不间断。听说他是杀蛇高手，我简直不能相信，趁着去拿制作原料时进了宰杀间，于是目睹了不一样的阿甘。

阿甘的手颤抖着，好似"迪斯科"节奏般地摇晃，走近摇头晃尾的眼镜蛇，换作是你在他的身边，也许和我一样，心脏的跳动就如同阿甘那颤抖的手，或者如眼镜蛇那正在加速摇晃的身体。就在你屏住呼吸的那一刻，阿甘的手戛然停住颤抖，一连贯的清爽动作，抓尾、抖、甩、划一圆弧，蛇头刚好撞上阿甘预计好的不锈钢操作台边缘，再一甩手，捏住蛇颈部，将蛇牙下的蛇毒滴进专用来做蛇毒酒的瓶内，另一手抓起一把剪刀，剪去蛇头，再取出蛇胆，放进用来泡蛇胆的酒瓶，然后去其内脏，剁成段，入器皿，洗手，接着又开始了他那美妙的"手舞"。整个过程就像在 NBA 赛场上看到的发球、传球、跨步、三步跳投篮……一切都那么迅速、淡定。后来，一有机会，我就去看阿甘停止"手舞"、如同打篮球似的杀蛇。后来听说阿甘曾一度离开厨房，也去看过医生，但是"手舞"依然无法治愈，于是他又回到了唯一能让他停止手舞的"杀手"工作。

以杀治杀的小松

小松出生在川滇黔交界处的一个小县城边上，从小就淘气，家人以为他随着年龄的变大会好起来，没想到初中没读几天，就跟些小混混去做了"古惑仔"，虽说倒也没做出出格的事情，但家人很是为他担心。他的父亲多次托付我让他跟我学厨，我都不敢"接招"，毕竟厨房里的"武器"太多，怕他滋事。

时间过得也真快，转眼他22岁了，那年他因为城市改造时的土地赔偿与邻居吵架动了手，进了拘留所，在那受了一天教育，明白了许多道理，但接下来的事让他决定"改邪归正"。一次，路上有人打架，一大群人围观，他也凑上前看了看，后来警察也来了，打架的人都逃跑了，但因为警察认识他，就把他留下了。他好说歹说，警察最后丢给他一句话，说再碰到他在此种场合出现，他就要再次"接受教育"了。不得已，他拉着家长来找我，说出了对今后的打算，我为他的言行触动，想起了老孟、阿甘的职业生涯，最后给他指了一条路——以杀治杀，做宰杀工。在场的人一片茫然，或是有些担心，抑或是有些怕。没想到他说了一声谢谢，就答应了。当问及什么时候可以出徒时，我答曰："嘴上无杀、心无杂念、杀技超群、对厨艺有深刻认识时。"

于是我安排他去了一个陌生的小城，由我亲自带领着，走上他的"杀手"之路。刚开始他三天两头地找我诉苦：累、冰手、受伤、洗碗大姐唠叨得不行……我一律等他发泄完后，向他报以微笑或者点头，然后转身离开。一天中午，我教小松在内的厨房新员工制作龙舟鱼，将鱼去鳞，从背部剖开，去背脊骨，去内脏，翻面，剞花刀，做成龙舟状，再码味，拍粉，油炸。过了几天，小松正在后厨上班，顾客要一份清蒸鱼，厨师喊话要一条鲤鱼，但等了半天不见小松送鱼来，客人也差服务员催菜，大家奇怪平时动作麻利的小松怎么了，差人去找他，只见小松哼着"小城故事多……"手上正在墩子上不紧不慢地剞花刀，把鲤鱼切成了龙舟鱼，顿时全场晕倒……

8个月后，奇迹出现，宰杀在小松口中变成了加工，可以背出许许多多的烹饪技法、味型等专业技术知识，并且他想继续在厨师岗位上深造。正好所在酒店开设分店，就安排他去了新店学习加工凉菜，如今，小松当上了厨师长，结婚生子，生活变样，成了亲戚朋友眼中与昔日不同的小松。

酸菜炒汤圆是如何出锅的

21 世纪初，已经是中国烹饪名师、烹饪技师，烹饪大赛上获得过 6 金 2 银的杨荣忠在重庆郊县某枇杷生态休闲山庄事厨，根据山庄的地理位置和定位，推出了乡土风味系列菜肴。

杨荣忠在汤圆这款菜上来了兴趣。传统的汤圆多是煮食，只有贵州在上世纪七八十年代有过一款吴家有炸汤圆，因受顾客喜欢和行业协会推荐，被评为首届"中华名小吃"之一，但好景不长，繁华已逝。此外，比较出名的贵州黔西南布依族苗族自治州首府兴义市的咸馅鸡肉汤圆，也是煮食。创新即改旧，创新即创造，杨荣忠试着将汤圆用来蒸、煮后再炒；或蒸、煮后拍粉炸制再炒；或炸后再炒。后来发现，蒸与煮相差不大；煮后再炒则不成形，且难入味。

先炸后炒，成色不错，但炸制时难度大，味型难定，配料难找。怎么办？杨荣忠开始自己包汤圆来炸，发现汤圆包制不均匀，皮厚薄不一致，炸制时总是粘连，随即是皮薄的地方爆破露馅，馅里的汤料和芝麻等将炸油染黑，炸制的汤圆发黑发暗，造成油料浪费。他最终选用超市均有售的冰冻小汤圆，相对独立不粘连，皮厚薄一致，容易炸透，不易漏馅，还可根据要求选择汤圆的皮与馅，如糯米、高粱的汤圆皮，芝麻、玫瑰、豆沙、冰橘、桃仁、蜜枣的汤圆馅，可混合使用，也可单独烹制。

经他炸过之后的汤圆皮脆糯、馅甜香，但因皮的保温性较强，略烫，同时略显油腻和甜腻，难以让人接受。杨荣忠组织主厨分析和讨论几次后，去掉了重油带汁的家常味、豆瓣味、糟辣味，也排除了白油味、咸鲜味，由于汤圆馅是甜的，一开始就放弃了味精、鸡精等调味料。配料上从新鲜蔬菜末、鲜嫩脆的丁状原料和清香微苦的山野菜里寻找，干货原料的干豇豆、干腌菜等也进入大家的视野之内。最终，大家认为用既是原料又是调料的无盐贵州酸菜或咸鲜酸爽的四川酸菜烹制，效果极好。多次试验后，为了保证汤圆脆糯、馅甜香，他们将试验中原先选用的姜葱蒜去掉，保留了干辣椒，并将原来的大块四川酸菜剁细成末，让其在烹制过程中全部附着在汤圆表面，减少其油腻程度。最后，加上干辣椒炝制成煳辣香味。就这样，汤圆脆糯、甜香不腻、煳辣酸鲜的酸菜炒汤圆终于成功问世了。

没有香料照样做卤菜

那一年，我在一家不大不小的餐馆里做了几天凉菜厨师，接着就堂而皇之地当起了厨师长，其实那根本也算不上什么厨师长，只是厨房承包人而已。那是一家可以容纳300人左右的双层餐馆，二楼是包房，一楼是大厅，大厅边上有一个独立的厨房，环境不错，定位为大众消费型酒楼。

当时我的一个大厨好友自创了一套包厨方案，采取包干制进行厨房生产和餐厅销售分离的经营模式，即投资方投资和管理餐厅、负责营销；厨房承包人按照约定安排厨房生产，与餐厅相对分离。按照约定，我们的操作是投资方监督，厨房自行采购、加工和生产出餐厅所需要的菜品，菜品营业额的10%作为厨房工作人员工资，每月结算一次，结算后再按照级别和贡献分成若干份；其中，50%作为原料采购费用，提前预支给厨房，并每三天结算一次；员工餐由经营方按照每人每天3

元按月结给厨房。其实这样的方案早已在行业内流通，利弊同在，但没经历过的同行可能不甚了解。厨房承包人为了赚取更高的回扣率，不得不使用较低价的原料并严格控制进货原料库存的周转浪费。由此一来，经常会出现鲜蔬、鲜鱼类原料的见单现购，操作中偷梁换柱将老猪肉经上浆上色制作牛肉菜，根本不进单价较高的香料等情况。也就在那种"艰苦"情况下，笔者才不得已创制出了一款成本低廉不用香料的卤菜。

这款卤菜不用通常的香料，而用我们常废弃的蔬菜原料边角料作为香料精制而成，既节约了成本，也充分发挥了鲜蔬边角余料的特殊香辛味。

言归正传，具体说说这款卤菜的具体制作方法吧。上班时即与择洗蔬菜的员工讲明，要他们将具有香辛味的原料边角余料单独洗净晾干，与此同时，在热菜配菜间也将回锅肉等原料的剩余边角料治净。一切准备妥当后，在热菜间的厨房里取净锅上火，下入生菜油烧熟，下猪化油、色拉油一同烧热混合，再下入肥瘦肉边角料，先大火后中火炸至肉色黄焦香，分别或一次性下入大蒜头、拍破的老姜、芹菜根、芹菜叶、香菜根、大葱头、胡萝卜头、胡萝卜片、黄瓜蒂、茶叶等原料，慢慢炸炒。这时，要注意将快焦煳的原料用筷子夹出装入盆内，直至全部炸好取出。锅内放入白糖，炒成糖色，不同于以往的是这个糖色火候到时不加水，而下入豆瓣酱、干辣椒、花椒快速炒香。这时才注入鲜汤，倒入一只专用汤桶，最好是高桶或砂锅，下入刚才炸好的香辛料，调好口味，上火熬制 15 分钟倒出，用纱布将汤过滤，将香料渣用纱布包成香料包入锅，下入治净余水的荤素原料，如牛腱子肉、牛心、牛舌、猪头、猪尾、猪脚、猪心、猪舌、猪肚、猪排骨、全鸡、全鸭、鸡翅、鸭掌、豆干、豆筋等原料大火烧沸，小火慢浸慢卤而成。此间，需根据原料性质而按时取出相应的原料，最后应顾客需求单上或者拼盘而成。

制作这款卤水时需要注意：一是鲜蔬原料香味淡，每次卤原料时都需换香料包，或者每天将边角料炒香放入；同时油脂要重，使其汤桶上方浮一层油脂，保护香味不外流。二是早晚和使用后必须烧沸离火静置。三是卤制时，不要用大火，尽量使用微火卤制入味。

第一章／追味儿

配方用处大，也不能全靠它

　　网络时代，上网随便一搜索"餐饮配方"，找到相关结果约 4620 万个。细看更是眼花缭乱，排名最靠前的是"正宗卤菜配方大全多项技术资料""各类餐饮配方大全"，接着就是餐饮创业配方广告："这是我们十年来潜心研究和持续创新的成果……"暂且不论他们是花钱在网站竞拍的位置，使其排名在数百万条信息中遥遥领先，还是真的有那么多爱好者点击，在笔者看来，配方虽很重要，但也仅供参考。

配方用处大

　　或许你刚刚花钱买到的配方，一转眼就会在别的网站找到同样的，但问题在于这些配方是否具有理论依据，是否对人体无害，是否适合你所在地域……就拿卤水来说，各地均有特色配方，真正的全国卤菜或卤水品牌，暂时还没有听说，就说明

"卤水配方"因地制宜，必须以符合所在地人群的口味喜好来谨慎调配。

人人皆知的贵阳肠旺面深受百姓的喜爱，占据贵阳乃至贵州省早餐市场的半壁河山，除了面条需要用全蛋和面，适当添加食盐、食用碱，并将面揉、压、叠、切外，最重要的，还要同时使用贵州特色红油和人人皆知的油辣椒。

贵州红油制作较为简单，重在制作工艺和物料配比，其副产品即是油辣椒，所以制作时既要考虑红油的色红、香辣和味厚，更要让副产品油辣椒红而不辣、油而不腻、脆而不生。

肠旺面油料的选择，必须要考虑经营成本，也要注意成品对后味的影响，因此，油料选择制熟的菜籽油与脆臊油、大肠油按照4：3：3的比例制作红油，成品油不凝固，后味更香，成本自然也会降低很多。

要使红油色香味俱全，又要保证油辣椒香辣酥脆有嚼头，就必须在辣椒上下功夫。根据经验，取香味十足的花溪辣椒和辣香味浓的遵义辣椒、肉厚有嚼头的大方皱皮辣椒同样按照4：3：3的比例制作红油和油辣椒，制成的油辣椒香辣适度、口感极佳、味道香醇。

也正是因为不知道这两个"4∶3∶3"，而让很多入行开面馆的企业主败走麦城，但也有人因为掌握了这个配方，而最终占据市场一席之地。

配方仅作参考

有的配方，尤其是面食配方，本身就要根据气候、水质等调整，春夏秋冬、南方北方情况不同，仅靠花钱购买的配方可能难以达到预期效果，更别说最佳效果。记得十年前，川内某景区酒店引进国内名牌酒店管理公司，在青城山搞培训。培训中发现，苏点中的油条制作无法达到预期效果。经双方经验丰富的厨师协商后，改变了配方，才终于制作成功。后来又将青城山苏点油条配方移到九寨沟制作，同样的问题再次发生，好在已有先前的经验，适时调整了配方。

已形成的配方多是经过前人的经验总结，定有其所长。如果在其配方上加以理论研究、数据分析、反复尝试，既可沿用，也能调整后再使用，方可事半功倍。对业内人士，尤其是好琢磨的专业厨师来说，配方是可以应用的。但要是外行"进军"餐饮业，仅靠花钱买的配方创业，可能经常遇到配方出问题的状况。

因此，餐饮业不可忽视配方的重要性，但也要仔细研究配方，改进配方，别完全依赖配方。

红油炼制实战诀窍

　　红油是制作凉菜的必需品，更是辣味菜系的核心调料，但制作起来有一定的难度。笔者有多年从厨经历，现将一些制作方法和体会记录于此。

贵州红油

　　贵州红油味香色红，辣而不猛，制法独特。要炼贵州红油，得先说说糍粑辣椒。糍粑辣椒是贵州独具特色的调味品，选用辣而不猛、香味浓郁的花溪干辣椒，去蒂洗净，清水浸软（如急用，可用热水），再和适量老姜、蒜瓣一起入擂钵舂蓉。因辣椒合着姜蒜舂出了黏性，故取名糍粑辣椒。酒楼大批量制作或辣椒食品厂批量生产时，也可用刀剁或用绞肉机绞碎。

　　贵州红油有很多种制法，最常见的是用糍粑辣椒来炼制，并且炼红油和制作油辣椒往往是同步进行的，这样可以达到一举两得的效果。具体方法是：选优质植物油（菜籽油、色拉油、玉米油、花生油等）炼熟，待油温降至四五成热时，下刚制好的糍粑辣椒（不加任何调辅料），不停地推炒，避免因粘锅煳底而出现苦涩味和焦煳味，直至糍粑辣椒色红味出时离火，放置一晚后，分离出红油。剩下的就是酥香渣脆、辣味适口的油辣椒了。

根据红油用途不同，炼制时有的人还会选用混合油，炒糍粑辣椒时还要加豆腐乳、甜酒汁（醪糟），贵州名小吃肠旺面淋的红油就是这样炼制的。

川菜红油

川菜擅长用辣，四川人炼红油的功夫更有精妙独到之处，光书本上记录的红油制法就有好多种，这里说说我做的一种红油，它颜色红亮、入口香醇、辣味突出、回味煳香、味浓味厚。第一步，把优质菜籽油倒入不锈钢桶里（油量约为桶容量的一半），上火烧熟去生味，见油烟减少时离火，此时油温约230℃，如果是色拉油，则可达280℃。第二步，待油温降至180℃时，放入用冷水浸泡过的八角、小茴香、香叶、草果、桂皮、大米、茶叶等增香辅料，稍炸后捞出来，此道工序能使油中有一股基础香味，还可以将一些脂溶性香味物质提取出来融入油中而成为回味。此时桶中油温也会因为香料带有水分而降至150℃左右。第三步，将1/5份优质干辣椒面放入油中炸香，稍后用密漏勺捞去渣。此道工序主要是提香。第四步，根据油温情况，在100℃～120℃时再下入3/5的辣椒面，搅匀后倒进一些清水，再上火加热去掉水分。此道工序比较重要，主要是为了炼出辣椒的香味、辣味和鲜亮的红色，所以时间相对较长。这时油温比较关键，控制油温的最佳办法就是加点清水，让辣椒里的水溶性物质溶出，最后再上火加热，去掉水分。第五步，桶离火，把剩下的辣椒面放入油中浸泡，并且不时搅动一下。这时还可加一些生芝麻进去，以增加红油的香味。待油彻底晾凉后，就可以使用了。用这种方法制作的红油，最佳使用时间是2天，时间一长，味道就会变淡。

另类红油

多年前，我在大连一家餐馆做凉菜，餐馆主要经营川粤风味菜。在炼红油时，我就将北方葱油、川味红油、贵州红油和潮州卤水等制法综合了一下，炼出了一种另类红油，用来拌海鲜类原料，效果出奇好。

先在不锈钢桶里加入一半容量的优质菜籽油，烧熟离火，立刻投入蒜瓣、老姜、洋葱块、香菜头、胡萝卜片、黄瓜把、大葱浸炸出香味，当然这时油温也自然下降了一些，此时下入少量的糍粑辣椒，浸炸至煳香后，下冷水浸泡过的八角、茴香、香叶、草果、桂皮、大米、茶叶等增香辅料，最后下干辣椒面搅匀，加盖放至冷却，去渣取油就可以使用了。

　　制作这种红油时，一定要注意添加原料的次序，否则味道就会变差。洋葱片、香菜头和蒜瓣的浓烈味道一定要表现出来，大葱的香味也要发挥得淋漓尽致。此外，可在香料的使用上做些调整，比如，做黔菜时，少用香料；做川菜就少放些洋葱片、香菜头什么的。在实际工作中，如果没有特别要求，我大多用糍粑辣椒来提香，所以辣味更醇厚。

第二章

寻味儿

　　如果说寻味黔菜考察活动是编撰《中国黔菜大典》的一项重要工作，那么近两年来的独自走村串寨寻找当地知名美食，既能丰富做厨师的寻味参考蓝本，又能成为吃货和游客的美食地图册，同时便于推广宣传地方特色食材，还能积累黔菜文化研究的基础资料。

贵阳肠旺面

　　人人皆知的贵阳肠旺面，深受百姓的喜爱。作为贵州极负盛名和早起必吃的贵阳特色小吃肠旺面，有山西刀削面的刀法，兰州拉面的劲道，四川担担面的滋润，武汉热干面的醇香，以色、香、味"三绝"而著称，具有血嫩、面脆、辣香、汤鲜的风味和口感。

　　肠旺面要做到辣椒辣而不燥，红而不辣、油而不腻、脆而不生，必须在红油和油辣椒上下功夫，即制作三合油、三合辣。制作好了这两种原料，肠旺面质量就保证了一大半，制作成本也会降低很多。

　　先来说说三合油。在制作肠旺面臊子过程中，会产生大量的脆臊油和猪大肠油，这都属于脂类，一般人不会想到用其来制作红油，是担心其脂凝不化。其实，如果采用制熟的菜籽油与脆臊油、大肠油按照 4 ∶ 3 ∶ 3 的比例制作红油，成品味道更香，成本自然也会降低很多，也避免了肠油的浪费。

再说三合辣，肠旺面需要红油和油辣椒的辣味。根据经验，取香味十足的花溪辣椒和辣香味浓的遵义辣椒、肉厚有嚼头的大方皱皮辣椒同样按照 4 ∶ 3 ∶ 3 的比例制作红油和油辣椒，成品香辣适度、口感极佳、味道香醇。

据资料显示，肠旺面、肠旺粉在贵阳出现始于晚清，至今已有一百多年历史。肠旺面由何人创制，说法较多，已无法考证。但是说起肠旺面的吃法，确是让"老贵阳"们久久回味的。这里，主要为大家介绍肠旺面的三种传统吃法。

传说，清末至新中国成立前，贵阳城区主要以现在的中华路为主。北门桥、六广门和南门桥的肠旺面最为有名，但吃法各有所长。首先说说北门桥的油条佐餐肠旺面。当年的北门桥是集市，在这里卖猪肉的总是剩下猪血旺、猪大肠和槽头肉，肉摊老板突发奇想用其制作肠旺面，很多食客为了填饱肚子还要吃上一根油条。

与此同时，六广门片区肠旺面的经营者为了满足周边食客的需要，一改北门桥油条佐餐肠旺面的传统，用精制脆臊，辅以餐馆头天煮米饭剩下的锅巴饭，垫于肠旺面底。既解了油腻，又丰富了食物内容，很快受到附近居民的喜爱。

我们再来说说南门桥的豆沙窝佐餐肠旺面。当时，南门桥开设肠旺面店，不如北门桥有原料优势，就常用豆腐炸成泡后再用汤浸泡，做成类似脆臊的泡臊，这样吃起来自然不及北门桥的油腻，而且南门桥的食客形成了吃肠旺面时外加一个豆沙窝的习惯。

贵州美食游

几乎所有到过贵州并深入这里山地乡村的人，都会为当地保存完好的地域文化所打动的同时，惊叹于那里林林总总的各民族原生态美食。可以说，贵州是一个非常适宜于奔吃和游走的地方。而在寒冷的冬天，贵州能给我们提供怎样令人充满暖意的食物？

贵州火锅形态多样、粗犷纯朴，漫溢着浓郁的乡土气息和生活情趣。饮誉海内外的苗族酸汤鱼，火爆上海并蔓延至全国的苗家干锅鸡，风靡北京城的清汤鹅，流行于贵州各民族间的一锅香干锅、羊肉系列火锅，早年的江湖品牌青椒童子鸡、啤酒鸭火锅，以及即将走出大山的彝族烙锅等，无不味浓汁厚、风味淳朴。而且在民间，品味这些饮食往往都需要配上民族歌舞的佐助才能尽兴。出游中有这样暖烘烘的火锅，想必游玩才会更有兴致。

第1天：贵阳（贵阳市）

若是乘机抵达，在离机场仅2千米远的老凯里民俗村，游客即可品尝酸汤鱼、体验贵州民族饮食文化最高礼遇"高山流水"，观赏苗族风情表演，提前享受凯里酸汤滋味。进了城区，又有省府路石板街酸汤鱼一条街，箭道街鲍翅海鲜酒楼一条街，次南门特色酒楼一条街次第展开。

贵阳游玩景点：这里是典型喀斯特地貌，地形多样。地上奇峰翠谷，山环水绕；地下溶洞群落，别有洞天。名山、秀水、幽林、奇洞、古寺浑然一体，相映生辉，形成了雄奇秀丽、独具特色的高原自然景观。其中，有国家级风景名胜区红枫湖，4个省级风景名胜区花溪、百花湖、修文阳明洞和息烽景区。

第2天：凯里（黔东南苗族侗族自治州）

凯里最著名的美食是酸汤鱼，其特点在于锅中的酸汤红彤彤的，看似一锅辣椒水，甚是吓人，吃起来实则没有一丝辣味，酸酸的，甜甜的，像一句流行的广告语，有些"初恋的味道"。

黔东南州游玩景点：历史文化名城镇远、青龙洞、国家级风景名胜区潕阳河、云台山、龙鳌河的风光声名远播，雷公山、月亮山、杉木河以其旖旎的自然景致让游客叹为观止，每年300多个苗、侗等各民族的节日里，吹芦笙、木鼓舞、踩堂、侗戏、抢花炮、斗牛、斗鸟、龙舟、赛马以及唱山歌、苗族飞歌、侗族大歌等民族表演精彩纷呈，令人目不暇接。此外，苗族的吊脚楼、侗族的鼓楼、风雨桥以其独特的构造享誉海内外。

第3天：三都（黔南布依族苗族自治州）

全国唯一的水族自治县——黔南布依族苗族自治州的三都水族自治县，有一种具有神秘色彩的美食——鱼包韭菜。当水族人家有人去世时，戴孝者在丧葬期间忌荤食素，但鱼虾可食，并且往往吃的就是这道需要蒸制十余小时的大菜。

此外还有待客佳品"鸡煮菜稀饭"，根据客人不同需求，可改为鸭煮菜稀饭、香猪菜稀饭等，水族人民常常最先用它来作为招待宾客到家后的垫底饭，亦称迎宾饭。待宾客吃完此饭后，才开始安排正餐。按照民族习惯，一般将鸡煮熟后分成八块：头、尾、两翅、两腿、两胸，再继续煮熟。上桌后，主宾食头，尾作为礼品送给主宾带走，其余部分由主人依宾客身份、年龄、辈分分配，不足时多杀鸡，剩余部分主人享用。吃时得到鸡头的客人若能把鸡脑髓完整无缺地取出来，足以表示对主人的一片真心实意。这时主宾会把鸡脑髓装在一只小盘里，这便是苗族"吃鸡头，还鸡崽"习俗的体现。受到尊重的主宾会高兴地夹两块肥肉送至主人碗中，表示回敬。

在吃完鸡煮菜稀饭中的鸡肉后，常常在稀饭里煮食荤素原料作为火锅吃，相当于近年来流行各地的粥底火锅，但在贵州，其实已经流行很多年了。

第4天：都匀（黔南布依族苗族自治州）

除了味道与凯里略有差异的各式酸汤，在黔南布依族苗族自治州州府都匀，近年流行的是酸菜鸭火锅和桥城一锅香、边卡吊干锅，到了那里，必定是一问便知。

到了都匀，你首先看见的是桥。由北向南穿城而过的剑江，其主要水源谷江河等9条河流都正好汇聚于此，因此，河上所架桥梁多达百余座，故都匀又被称为"高原桥城"。众所周知，桥头堡多美食，盖因其处于交通要冲，人气旺盛。在一次旅行中，笔者就不经意间发现在新桥头铁路桥边有一家"歪菜馆"，特别醒目。古色古香的带有乡土气息的竹木建筑，以及"大海航行靠舵手，歪菜兴旺靠朋友"的广告招牌，着实让人耳目一新。

黔南州游玩景点：该州境内群山屹立，地形峥嵘险峻，万壑争流，珠瀑幽洞时或可见。这里有"岩石生蛋奇观"、奇怪的冷热洞、奇异的"风流草"、惊人相似的图腾柱，还有福泉充满神话传说的奇山丽水，平塘蕴含原始野趣的龙塘风光，三都百里林海深处的秀丽景致，独山充满神秘感的神仙洞钟乳石奇观，荔波沿岸的险峰夹峙，以及深藏在喀斯特森林里的水春河峡谷，号称"西南第一漂"的水春河漂流即在此，更有茂兰喀斯特和斗篷山、尧人山三个原始森林自然保护区壮丽的山水风光。

第5天：水城（六盘水市）

贵昆线上的重镇六盘水位于贵州省西部边缘，由六枝特区、盘县特区和水城特区组成。到六盘水而不吃"水城烙锅"就是一种遗憾，这几乎是所有到过六盘水的人发出的感叹。

水城烙锅起源于明末清初。时任滇王的吴三桂调兵镇压水西彝族，官兵到达水西后粮草严重不足，官兵们便取来瓦片，架在火上作炊具，用生菜籽油烤烙土豆及其他荤素野味充饥，不料这无奈之举竟使人们发明了一款地方美味。随着时代的发展，起初使用的瓦片逐渐演变成砂烙锅，现在又出现了带边的平底铁烙锅。

六盘水市游玩景点：六盘水山奇水秀，气候宜人，融民族风情和喀斯特地貌风光为一体的旅游别具一格。具有代表性的有六枝梭戛长角苗国际生态博物馆、牂牁江风景区，水城野钟黑叶猴自然保护区、天生桥等，而南开苗族跳花节、玉舍和普古彝族火把节、坝湾布依族"郎节山节"等也不容错过。

第 6 天: 回程之旅: 兴义, 威宁, 宣威, 宜宾……

这一天, 就看你打算怎样返回了。如南行, 水城以南, 离
"地球上最美的伤疤" ——马岭河峡谷不远的黔西南布依族苗
族自治州兴义市, 有一种当地著名的盗汗鸡和全羊全牛火锅,
是值得专程去吃的。这两款美食源自明末清初, 经过几代人研
制、创新, 成为黔西南一绝。此外, 风味独特的咸馅鸡肉汤圆、
全蛋手工杠子面等小吃, 也是断然不可错过的。

若经云南, 可去宣威参观火腿生产, 再前往昆明, 享受声
名正隆的野生菌火锅; 或者北上, 经威宁草海, 观看前来过冬
的候鸟, 品尝当地的各种荞麦小吃和肯德基在中国的土豆基地
的土豆宴, 再前往四川宜宾, 于长江边的船席上品尝野鱼火锅;
要不就返回贵阳, 再次回访一下没有来得及仔细探究的贵州火
锅集散地。

第 7 天: 返回

该是休整的时候了。清点一下沿途收购的各种特产, 收拾
一下越来越想家的心情, 还有什么比在异地他乡一觉醒来后便
踏上归途更让人心怀期冀的呢? 想想也是——只有在这样的时
刻, 美食才变得毫不足道, 甚至可有可无了。

山地多美食，金州好味道

如果要给自己找一个不减肥的理由，就要去风景如画、民风淳朴的黔西南。

黔西南布依族苗族自治州位于贵州省西南部，东与黔南布依族苗族自治州罗甸县接壤；南与广西隆林、田林、乐业三县隔江相望；西与云南省富源、罗平县和六盘水市的盘县特区毗邻，典型的低纬度高海拔山区。优美的人居环境，自然资源得天独厚，冬无严寒，夏无酷暑，空气清新，气候宜人，民族众多，风情独特，各民族的音乐、舞蹈、节日、风俗、民居、服饰等独具魅力。如布依族音乐"八音坐唱"有"声音活化石""天籁之音"之称，享誉海内外；彝族舞蹈"阿妹戚托"质朴、纯真、自然，被称为"东方踢踏舞"。此外，布依族的"三月三""六月六""查白歌节"，苗族的"八月八"等民族节日，多姿多彩，让人流连忘返。

这里是典型的"一山分四季，十里不同风"。纵横交错的南北盘江、红水河、万峰湖等水资源，孕育着异常丰富的生态食材，滋养着世世代代生活在这片神奇土地上的汉、回、苗、彝、布依等35个民族和谐聚居的300多万人民。名不见经传的黔西南因其丰富的美食，已拥有"中国饭店业绿色食材采购基地""中国糯食之乡""中国薏仁米之乡""中国羊肉粉之乡""中国牛肉粉之乡""中国三碗粉美食之乡""中国剪粉之乡"等称号和荣誉。

十五年来，在参与了黔西南州首届烹饪大赛、黔西南州首届美食节、黔西南州百年美食争霸赛和"寻味黔菜——黔西南七县一市八日行"等活动后，笔者对黔西南美食产生了深深的眷恋和浓厚的感情，非常乐意参与黔西南州政协组织的大美黔菜县级评选活动。兴义的羊肉粉、董氏粽粑、刷把头、杠子面、鸡肉汤圆，兴仁的牛肉粉、薏仁米菜肴，贞丰的糯食、保家全牛宴，安龙的饵块粑、荷花宴，册亨和望谟的五色糯米饭、裰裰粑、虾巴虫、酸笋鱼，普安的林场古茶煎鸡蛋、苗家天麻炖鸡，晴隆的辣子鸡、八大碗等经典菜肴，回味无穷。此外还有御景宴府的石斛狮子头，盗汗鸡酒楼的百年盗汗鸡，盛味黔水渔庄的酸笋鱼火锅，狮子楼和布依第一坊的上房鸡、下水鸭、盘江鱼，普安的红茶面，贞丰的水晶五彩粽，晴隆的山地羊等数不胜数的精品美馔，让笔者深深爱上了黔西南。

二十载黔菜观察和研究，十五年黔西南美食情结，让笔者对黔西南今天的发展感到意料之中，斩获中国金州之誉的黔西南，于山地旅游、山地美食中异军突起，享誉一方。

可谓是：真材实料，黔菜味道；盘江食材，金州味道。

金州黔菜的三大特色

因境内已探明的黄金储量之高而被授予"中国金州"称号的黔西南布依族苗族自治州，地处黔桂滇三省区接合部，素有"西南屏障"和"滇黔锁钥"之称，历来是黔桂滇三省区毗邻地区重要的商品集散地和商贸中心。这里民风淳朴、民族饮食文化异彩纷呈。

豪饮爽食民族风

服饰的简洁、生活的纯朴和语言的亲和力，最能体现黔西南各族人民的风貌。当你踏上这片神秘的土地，留下记忆最深的莫过于汤钵、汤勺、汤碗与酒瓶。当你正身处于美食之中时，入席"开胃菜"就要进行了，当地人称"喂饱"。将白酒倒入汤钵中，用汤勺分入饭碗，礼节性的敬酒就开始了，没有开场白，也没有集体酒，更没有用酒杯的习惯，盛产糯米和善酿米酒的黔西南用这样的方式来迎接你。不知不觉间，五彩的糯米饭、深山里的香肠腊肉，抑或腌泡的小菜，时令的山菌佳蔬，摆满了桌子。黔西南州饭店餐饮协会王文军会长说，黔西南州的山美、水美、人美、酒美、菜更美，美在豪爽。黔菜之酸辣纯野，为金州黔菜之魂，显西南民族之风。

糯食当先多美味

五光十色的山多如林，名万峰林，峰林间炊烟袅袅，田园环绕，以种植糯稻为多。在缺盐少油的年代，布依族、苗族人家的先祖采山涧花叶根茎，与稻米浸泡，蒸熟而食，成为五彩饭，既丰富口味，又艳丽诱人，传承至今。如今网上电商订单不断，网下专卖店与五星级酒店也争相销售，早非农家自制之物。粽粑、褡裢粑、糍粑、糕粑因便于携带和保存，为祭祀先祖、庆祝丰收与赠礼亲朋首选。三合汤、鸭肉糯米饭、鸡矢藤粑粑早就名扬四海。贞丰被中国饭店协会授予"中国糯食之乡"。而产自兴仁的小白壳薏仁米，成就了兴仁"中国薏仁米之乡"的兴旺产业。黔西南一派无糯不香、无糯不欢、无糯不爽的景象。

道法自然食材优

风景如画的江河湖泊、田园草原、洞林山水，孕育着世代取之不尽、用之不竭的"海陆空"生态食材。数不胜数的盘江鱼种、万峰水产，闻名于世的盘江黄牛、晴隆山羊、白壳薏仁、顶坛花椒，漫山遍野的山野奇珍、竹荪菌菇、千年古茶、瓜果时蔬，四季不断。此外还有特色美食古法干巴、传统酸笋、油浸鸡枞、红豆沙粑、排骨米粽、马帮花生。黔西南美食取之山水，回归自然，周而复始，可谓道法自然。

第二章／寻味儿

黔西南味道的三大特点

　　黔西南布依族苗族自治州是贵州的三个自治州之一，是贵州主要的布依族、苗族聚居地，外加彝族、回族、瑶族等三个自治乡的小散居地，积淀了典型的多民族饮食风貌，好滋味、嗜吃酸、重糯食、善麻辣，香鲜甜独一味，风格凸显，别具一格，谓之金州味道。

本味突出好嗜酸

　　黔西南的酸之纯，有别于黔东南米酸、黔西北菜酸、黔北鲊酸、黔东坛酸、黔南异酸，而是重笋酸、糟辣酸。笋酸清亮、糟辣酸红艳，酸味轻淡，多用来煮鱼。布依酸笋鱼，多为南北盘江地区制作，鱼块、鱼圆样样鲜，鱼味本鲜与笋齐。酸汤鱼，江河湖泊苗家风味煮全鱼，入口清爽，本味突出，酸笋脆爽细腻，略有苦涩，异香诱人，清凉解暑。糟辣酸取本土牛角辣椒

精制,辣中回甘红翻天,酸辣爽口鱼肉白,酸得地道。还有佐餐小食醋泡米椒,通常不着盐味,纯酸添加进粉面,不受量大导致口味过重的限制,突出原味,辅酸更爽口。

善用多椒小麻辣

喀斯特地貌和高原亚热带季风湿润气候,使当地各种辣椒和青花椒产量极高,各族人民也嗜好制作辣椒菜和辣椒制品,有糍粑辣椒、油辣椒、糟辣椒、煳辣椒、醋泡米椒、白壳辣椒、番茄辣酱等数十种辣椒调味品。有记载表明,抗战时期就盛行的辣子鸡风格多变,品种繁多,晴隆县已多次举办辣子鸡烹饪大赛,正在建设打造"中国辣子鸡美食小镇"。糟辣椒煮鱼,鱼味鲜,口味酸爽。早餐和蘸水则多用煳辣椒、醋泡米椒。油炸、酿馅和炖鸡用的白壳辣椒集中在苗族山区,滋味特别。此外,当地人善用花椒调味,独立运用在咸味粽粑中,香麻适口。与辣椒一同出场的炒菜、火锅,搭配重料突出本味时,演绎出小麻辣的典型金州味道。

小吃众多香鲜甜

在常人眼中,金州味道就是小吃味道,香味扑鼻的杠子面、刷把头、鸡肉汤圆,三碗粉中的酱香羊肉粉、清香牛肉粉、凉卷粉，以及板陈糕、瓦饵糕、薏仁蛋糕、糕粑、粽粑、糍粑、盒子粑、豆沙粑、裆裤粑、鸡矢藤粑粑、万峰林玉米炒饭、鸭肉糯米饭、五彩糯米饭等，无不以本味优先，香为基础，凸显鲜美。品种繁多的小吃中，香甜味品种占据了半壁河山，其香浓适口，多用本地山野笋菌、植物花叶根茎与芝麻、苏麻和甘蔗糖调制，或糯米发酵，可谓独一味儿。

糯食黔西南

　　黔西南的安龙荷花宴、兴仁全牛宴脍炙人口。不过说起最具特色的黔西南民族美食，当属用植物根叶染色的五彩糯食。

　　黔西南地区层峦叠嶂，河流纵横，兼有桂林山水和云南石林风光之美，且地处盆地，平坝较多，水田阡陌纵横。世代居住在这里的布依族和苗族人，喜欢以糯米饭为主食，并用糯米制作风味小吃。根据《南笼府志》记载，这里明代就出产黄壳和红壳两种糯稻，颗粒饱满，色白脂丰，米质优良。历史上，黔西南各民族绝大部分以糯米为主食，至今仍有一些少数民族以糯米为主粮。《本草拾遗》记载，糯米有"暖脾胃，止虚寒泻痢，缩小便，收自汗，发痘疮"的作用。如今的当地早餐构成中，糯米饭、粉、面被列为"三大样"。在这里，食糯米饭相当于北方人吃包子馒头一样普遍。

贵州糯米饭多为荤食，40年代初出现的贞丰鸭肉糯米饭比较出名，是在油渣糯饭基础上发展而来。用木甑子大火蒸熟糯米饭，烧热猪油拌匀，夹鸭肉片吃，糯米饭洁白软润，绵软清香，鸭肉皮黄酥脆，肉质细嫩，入嘴满口生香，滋味鲜美，别具一番风味。

再说说鸡肉汤圆。中华民族创造的汤圆，品种繁多，唯有黔西南兴义的鸡肉汤圆为咸鲜味，实乃一款难得的地方风味特色小吃。

鸡肉汤圆始创于清代末期，经五代人传承，历经百余年历史，成为今天的名吃。其小巧玲珑，形如荔枝，色泽洁白，晶莹光洁，糯米的清香与鸡肉、猪肉、鸡汤、芝麻酱的鲜香融合为独特芳香，又有糍糯、细滑、清爽、油而不腻的特色，其肉馅细嫩、香味扑鼻、汤汁鲜美、诱人食欲，不愧为一绝。

鸡肉汤圆制作上选用上等糯米加水磨成吊浆粉，也可用机器加工湿粉，并用1/3左右的粉烫熟成熟米浆后揉匀做皮，同时选用刚宰杀剔得的鸡肉与新鲜肥瘦猪肉，去筋膜剁细，加鸡汤、精盐、胡椒粉、水淀粉搅打成"糁"状馅料。包制好的汤圆煮熟，食用前先舀一小勺芝麻酱入碗，再将沸腾的鲜鸡汤冲入，边冲边搅，最后用漏勺舀汤圆倒入麻酱鸡汤汁内享用。

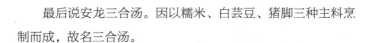

最后说安龙三合汤。因以糯米、白芸豆、猪脚三种主料烹制而成，故名三合汤。

安龙盛产糯米，也盛产质地优良、洁白性糯的芸豆。当地常以此制粑作菜肴。三合汤是三种物产组合的美食，还有一段传说呢。据传，明末南明王朝的一位大臣正用午餐，忽接差报上朝，匆忙中用肉汤泡饭赶餐赴朝。退朝后，发觉腹中饥饿，回味午餐之食尚觉味存，于是，嘱咐厨师照此制作，做出的饭食竟美味无比。自此，这位大臣常食三合汤，并增添葱、醋、胡椒粉等改善风味。后来大臣常以此食宴请招待客人，其香糯柔绵，具芸豆的幽香，脆膜和花生酥的焦香，放醋提味不显酸，加辣椒以适应地方口味，汤汁香不减鲜。三合汤很快被仿效而流传开来，成为地方著名风味小吃。如今的三合汤，主料、配料、调料均有改进，是当地人早餐常吃的大众食品。也有用蹄膀（肘子）、排骨和鸡丝替代猪脚的，并加入鸡汤，味道更鲜美。

此外还有褡裢粑、糕类、糍粑、饵块粑、清明粑、米粽、饼食等较为突出的节日庆典和祭祀之食，几乎无一例外地都作为祭神拜祖之物，伴有浓厚的少数民族气息和地方传奇色彩。

追味儿
——
跟着大厨游贵州

酸食当道黔东南

黔东南苗族侗族自治州，位于云贵高原东南边缘，与黔南布依族苗族自治州、遵义市、铜仁地区毗邻，东邻湖南，南接广西，境内山川秀丽，气候宜人，资源丰富，居住有苗、侗、汉、水、瑶、壮、布依、土家、仫佬、畲等民族。这里民风质朴，人民勤劳善良，热情好客，处处洋溢着浓郁的高原豪放之气，饮食文化异彩纷呈，饮食生活独具特色。"酸"就是黔东南饮食的一字释解。

酸食黔东南

黔东南的酸辣与贵州其他地区不一样，强调和突出的是"酸"，而其他地区则强调和突出"辣"。黔东南是"吃酸"的故乡。"三天不吃酸，走路打蹿蹿（指走路打趔趄的意思）"，道出了黔东南的酸食文化特色。在黔东南，男女老少都有"嗜酸"的爱好。无论日常生活，还是家宴、红白喜事宴会，或是在餐馆酒楼星级酒店，酸食无处不有。"除油盐无贵味"，历史上黔东南地区严重缺盐，只得用酸与辣来调味，可见酸食习俗实非偶然，它是地理环境、气候条件、物产资源等多种因素的综合产物。黔东南地区气候潮湿，多烟瘴，流行腹泻、痢疾等疾病，酸食不但可以提高食欲，还可以帮助消化和止泻。也因为如此，每家每户都少不了几个酸坛子：酸水坛、醋水坛、腌菜坛、腌鱼坛、腌肉坛，还流传着"三月腌菜，八月腌鱼，正月腌肉"和"坛不下，菜不烂"等关于酸食腌制和保存的俗语。黔东南各族人民在长期的生产生活实践中，创造了不同于其他地区吃酸的独特风格和食品制作工艺，形成了具有鲜明个性的"酸食文化"，仅酸食的制作就有数十种不同的工艺。

酸辣黔东南

酸和辣，在黔东南总是分不开的。传统美食之腌鱼腌肉，就是用鱼和肉，辅以辣椒、香料、盐巴等调味料，在木桶中腌制出酸味美食，是当时条件下为储藏肉食而发明的。传统酸汤也从民间走进餐馆，不仅仅是传统的米酸、西红柿酸的酸香，更融入了糟辣椒、辣椒酱或是红油，成了如今五花八门的新式红酸，深受食客欢迎。更有甚者推出了三合一酸汤、四合一酸汤。总之，酸辣当道的酸汤，有的落户京城，有的飞进国宴，有的漂洋过海，更多的被移植到餐馆、酒店，凡是到贵州的游客，都点名要吃正宗黔东南酸汤鱼。

酸香黔东南

黔东南除了酸辣，更为明显的特色就是山野菜的使用了，酸汤中会有木姜子、桃菜、辣柳等香料野菜辅之，除了气候，这也是酸汤难以异地生产和加工的原因之一，更是外地厨师难以发现的秘密。除了作为香料应用于各种美味中，更有将时鲜野菜用来直接烹食，清炒焓炒、煮汤煎饼，无奇不有。当然，这些香料型野菜与酸汤融合是有其特殊味道的。吃酸汤鱼时，如见锅中有干香料，那你吃到的酸汤鱼很可能是黔东南厨师所料理的。

酸养黔东南

酸食有防病健胃、除烦提神之功效，还对食物有防腐保鲜之作用。人口普查结果表明，黔东南的寿星与总人口之比居全国前列。虽然长寿是多因素形成的，但这其中应该包含有"吃酸"的因素。1986年，在加拿大温哥华，一群记者采访世界老年长跑冠军——黔东南运动员李发品老人，问到能获得长跑冠军的秘诀是什么时，李发品老人答道："我要是能吃上家乡的酸菜，还要跑得更快。"可算是妙语惊人。

随着人们对饮食要求越来越高，酸食这一具有保健养身的民族特色传统食俗，越来越受到青睐。这也许是外地游客游至黔东南都点名要吃正宗酸汤的理由吧。

安顺遇奇食

　　到过安顺的人都知道，安顺是个人杰地灵的好地方。以黄果树为中心的安顺旅游区，是贵州旅游的一面旗帜，是世界著名的旅游品牌之一，方圆数百千米范围内，园连园，景靠景，四个国家级风景名胜旅游区几乎占据了贵州旅游产业的半壁江山。安顺菜历史悠久，也是近代黔菜的主要发祥地之一，在贵州知名度很高。贵州第一本《黔味菜谱》就出自清代安顺黔菜名师李兰亭之手。时至今日，"吃在安顺"仍是美食家们的共识。安顺是一个将名人、名景、名菜汇聚一身的地方。

　　笔者前往黔西北探食途中，特意在安顺驻足，转过一圈后，目光聚焦在了车站附近、老贵黄路上一家名为苗乡酒楼的餐馆，餐馆有三层楼，一楼窗玻璃上标有"黔中名吃、安顺土味、民族佳肴"招贴，确有几分不同之处。一问，果不其然，说有奇菜招待宾客，这里选取几道介绍给大家。

先说腌肉炒莴笋皮。莴笋皮一般情况下都被我们给丢弃了，这里却将莴笋外包的长叶子的那层皮削下来，切条，与腌肉炒食。不仅如此，还有制成干品的，使用前先水发再烹调。莴笋的吃法很多，但莴笋皮做菜，吃过的人可能就不多了。那味道苦脆苦脆的，清凉清凉的，回味绵长，煞是爽口。

再说煳辣豆腐锅巴。在制作豆腐的过程中，因火力原因，锅底常有一层豆腐锅巴，这款儿时食用过的难得佳肴居然登上了大雅之堂，简单烹调或者凉拌后，锅巴软绵适口，香味浓郁，介于豆浆味与豆腐味之间，辅之调料，可佐酒下饭。

还有青椒寡蛋。寡蛋系安顺地区特产，是未孵化出小鸡、小鸭的蛋。人们发现寡蛋虽然有些臭，但其实很好吃。黄寡是指未受精的蛋经孵化后形成的散黄蛋，黑寡是指在孵化过程中已形成鸡雏但未能出壳的蛋。寡蛋制作相对简单：煮熟，用冷水浸凉后剥去壳，再将黄寡切片；黑寡中未成形者取蛋黄切片，已成形者拔去绒毛、除去内脏后，斩成块，接着下入五六成热的油锅中炸至半干，将鸡油烧热，与姜蒜、青红小米椒爆炒即成，其骨酥蛋绵，干香肉嫩，臭味奇特，引人食欲。

其实这里的奇，是回归大自然的奇，是百姓饮食文化的奇，也正是当今餐饮业需要有的奇。

第二章／寻味儿

黔西北水八碗

风光壮丽的神奇乌蒙山脉腹地毕节，山海苍莽，连绵起伏，峡深流急，气势磅礴。这里地处川、滇、黔三省交界地区，居住着汉、彝、苗、白、回等 37 个民族，民族文化多姿多彩，民风淳朴。

黔西北是古夜郎国的重要区域之一。源远流长的历史长河，孕育出了神奇多彩的黔西北饮食文化，形成了辣醇酸鲜、香浓味厚、千姿百味、野趣天然的高原美食，造就了将夜郎菜、水西土司菜、现代民族菜相结合的黔菜精品——宴席"八大碗"。八大碗亦称"水八碗""流水席"，相传在明洪武年间于军队中形成并流传开来。由于当时长久的战争和迁徙，人们最后只剩下一些坛坛罐罐用来盛食物，炊具非常缺乏，只好依葫芦画瓢，用土法烧制了一些陶制的坛罐和封盖坛口的缸钵，用来烹饪和盛装饭菜，久而久之，就成了"八大碗"。"八大碗"菜肴品种数量为"四盘四碗（各两荤两素）"或"八盘八碗"，开席时，通常是主菜依次上菜，吃完一道再上一道，保持菜肴温度、新鲜和不浪费。食客饮酒品菜，最后吃饭，善饮者可尽兴饮酒，直至宴席结束。

　　"来客吃饭坐八仙桌，八仙桌边上八人坐，上桌吃必上八大碗"。八大碗意即有八道菜，蕴含着"八碗菜，八人吃，人人平安，四面八方，一年四季，万事如意"的美好喻意。黔西北高原的八大碗经广泛流传，著名的有威宁水八碗、毕节水八碗、大方八碗席和荤八碗、素八碗、荤素八碗、土八碗、洋八碗、细八大碗、粗八大碗、上八大碗（官府菜或绅士菜）、中八大碗（商贾菜）、下八大碗（田席）等。威宁的婚丧嫁娶、开业升学等宴请，仍然以水八碗为主，菜品四冷四汤碗四行盘，荤素各半搭配，乡土气息突出，民族风味浓郁，口味略为偏甜。大方八碗席选料精良，制作精细，曾代表黔菜参加国际美食展，获得金奖。毕节水八碗则综合了黔西北各民族的民间宴席经典菜。

黔西三宝

　　说起黔西县，大家往往是因经过贵毕公路时才知道有这么一座县城，更别提去了解它的历史地理和美食与旅游情况。其实贵阳的后花园黔西县，是我国古人类发祥地之一，其南部沙井观音洞出土的文物，是我国长江以南旧石器时代早期文化的重要标志，说明在几十万年以前就有先民在这块富饶的土地上劳动、生息、繁衍。清康熙四年（1665 年）置黔西府，后废府置州，因在黔之西部，故名。1913 年置黔西县，居住有汉、彝、苗、布依、仡佬等 18 个民族。境内旅游景点有"百里杜鹃"风景区、附郭水库、水西公园、观农台和八仙洞。百里杜鹃林不仅具有观赏价值，还具有植物生态研究价值，已先后有大批中外专家到林区进行考察研究。黔西美食则有"黔西三宝"之称的黄粑、糍粑豆干和豆豉粑。

黄粑

黄粑又名黄糕粑，黔西家家会做，人人爱吃。有一首广为流传的童谣："黄糕粑、黄糕粑，大人用来哄娃娃。"

黄粑据今有数百年历史。传说诸葛亮率军南征，行军途中用木甑蒸好大米玉米饭，因为突然打仗离开两天，回来后见蒸熟的饭已经发黄，此时官兵又饥肠辘辘，于是派胆大者先试吃，结果口味极佳且无中毒反应，于是后来效仿制作，并包成粑粑，作为行军干粮。流传至民间后经过改进，成为今天的独特小吃。黄粑色泽深黄，软糯爽口，竹香四溢，无白糖自甜（在制作过程中，豆浆、米粉、糯米饭的一部分淀粉转化成麦芽糖所致），既可冷吃，也可炸、蒸、烤、煎后热食。

叫响贵州的黔西美食黄粑，以赵老五黄粑为龙头，也有大量黔西人在贵阳、毕节等地制作黄粑销售，算是一道独特的风景。

糍粑豆干

流行在黔西县、大方县的糍粑豆干，又名糍粑包豆腐，顾名思义，即用糯米糍粑包上本地品质上佳的豆腐干，经过调味的豆干五味俱全，香鲜可口，是极具地方民族色彩的小吃。以黔西县谷里古镇丁家糍粑包豆腐最为有名，除了来店内品尝的食客源源不断，还有很多人打包带走或通过电商方式购买。

糍粑是糯食，多属甜品，而与调味品同时包入糍粑的豆干却咸且辣。因单食糍粑总觉太腻，单食豆干则稍嫌过辣，人们便突发奇想，在豆干里拌上辣椒、酱油、葱、折耳根等调料，再往豆干上裹一层糍粑，做成糍粑豆干，食之既脆且糯，又辣又香。其具体制作方法是：将新鲜糯米热糍粑分切成50克左右，并压成长宽厚为6厘米×3厘米×1厘米的小块，从一侧剖开一道口，填入由折耳根、苦蒜、蒜米与油辣椒、煳辣椒面、花椒面、精盐、味精、酱油、醋、葱花调成的腌料，以及切成大薄片的豆干，再将切口捏合，下油锅浸炸或上烙锅烙至外皮发黄，内熟且烫时，即可装盘上桌食用。

豆豉粑

豆豉粑是将大豆泡胀后蒸24小时，置于陶、砂、木质之类的容器内，铺垫和包盖一层豆豉叶，略加保温，5～7天发酵成鲜豆豉，舂成蓉，再晒至半干，然后加入野木姜籽、生姜、大蒜、胡椒粉、辣椒粉复舂细蓉，在尚软时，拍成四棱八角的长方体，晒干后即成。豆豉粑可切成薄片或丁、块烤着吃，炸着吃，但多用于蘸水调料。吃时需将豆豉片烤黄烤脆，加开水或热汤研磨成浆（越细越好），再加入辣椒粉、木姜花、精盐调匀即可。此外还可以用豆豉粑与白肉一起制作豆豉粑火锅。

有"煤海""茶乡"美誉的谷里镇，除了独特的糍粑豆干，最值得带走的莫过于"张艳丽"豆豉素辣椒了。张家数十年来一直选用黔西肉质厚、味道香、口感好的皱皮辣椒，在制作煳辣椒时，添加炭火烤焦的豆豉粑、本地红大蒜一同舂蓉，最后真空包装，自然保存百天不在话下，食用时可以直接作为贵州辣椒蘸水，也可以加汤调制成豆豉粑煳辣火锅，可谓是黔菜调味品的代表之一。长久旅居外地的贵州人带上一包，时不时拿出来闻一闻，也算是有家乡的味道伴随左右了。

水城烙锅

到水城不吃"烙锅"是一种遗憾，这是到过水城的人的感叹。水城历史悠久，民间文化丰富，饮食文化异彩纷呈。水城姜茶、富硒茶享誉省内外，水城烙锅以其独特的风味，让知味者依依不舍。据统计，水城人月均吃烙锅 18 次，在这个不大的城市就有全有福、小纳雍、八家寨等大小烙锅店 400 多家。看似简单的烙锅，却是经历了 4 次大的变革和若干次的演变才发展成今日的样子。

水城烙锅起源于明末清初，《水城厅志》记载，清康熙三年三月（1664 年 3 月），平西王吴三桂率领云南十镇 2.8 万兵马，由归集入水城境，镇压水西彝族土司，官兵到达水西后粮草严重不足，便取来屋顶瓦片和腌窖食物的瓷器土坛，架在火上烤烙猎获的荤素野味、野菜、土豆等充饥。不料这无奈之举竟使人们发明了烙锅这款美味。

随着后人的改进，起初使用的不带边的凹状瓦片或瓷坛片，逐渐改制成了带边的中间高两边低的黑砂烙锅，目的在于油脂能留在锅边，且随时可以将它往原料上浇淋，使用的烙食原料也在土豆和野味野菜的基础上增加了当地特产的豆腐和臭豆腐，并开始蘸五香麻辣味碟食用。1953 年，水城县人民政府为 1950 年开始营业的胡声振烙锅店颁发了水城第 1 号"饮食企业登记证"（相当于现在的营业执照）。

由于时代的变迁，水城烙锅时起时落，改革开放后，烙锅地摊不时出现在水城街头。1986 年，胡文伦子承父业，与同行们一起，将凸状黑砂锅制成了平底的带边生铁锅，并在铁炉、煤气炉上使用。1992 年后，水城烙锅破天荒地搬进了店堂，并很快形成了烙锅食街，成为水城的一道美食风景线。烙制原料也是无所不有，海鲜禽畜、家野蔬菜等各种荤素原料均进入了锅中。2001 年中央电视台《西部采风》栏目评选"水城烙锅"为中国西部特色饮食"西部一绝"，水城烙锅开始走出水城，贵州的安顺、毕节、兴义、遵义、贵阳和云南昆明等地都开始出现它的身影。贵阳有了太慈桥、文昌南路、花果园等夜市烙锅一条街，食客们把原来吃串串香喝小啤酒的习惯转变为吃烙锅喝小啤酒了。

2006 年，水城烙锅参加了中国民族民间菜肴华西村美食节、中国西部博览会和中国黔菜美食节并获得殊荣。水城全有福烙锅店发现，烙锅虽然经历了漫长的发展阶段，但还是无法完全跟上现代饮食文明的发展，于是经过研发试制，开发出了第四代的烙锅——电磁烙锅炉，使这款受旅游者青睐且当地老百姓舍弃不了的美食，进入了现代烹饪时代。

走进水城的全有福烙锅店，看到店内挂着的文化界人士题词："小县城小风景小烙锅，大名气大气魄大文化"，我不由得陷入沉思，却被服务员"请戴上围裙"的一声招呼带回现实。再一看，服务员已经开始往30厘米直径的平底烙锅中注入生菜油，并生起了火。服务员将洋芋、豆腐、芹菜、胡萝卜、魔芋、野菌、猪肉、牛杂、鸡杂、鲜鱼、虾、蟹、芫荽、大蒜苗、香葱、菜椒等原料在锅中依次烙熟，当然客人也可以自行烙制各自喜好的食物，再蘸上煳辣椒面、花椒面、精盐、味精、酱油、醋、折耳根配制的蘸水或者五香辣椒面干碟食用。伴随着烙煎的吱吱作响，发出一股股诱人的香味，围坐在四周的食客争先恐后地将食物放进口中，鲜、香、麻、辣的味道令人陶醉怡然。再辅以水城的姜茶和小吃蒸蒸糕、苦荞饼、荞饭、汤圆，这样一顿丰盛大餐夫复何求？

合群路
HEQUN LU

正宗水城烙锅

酸汤饭豆 ...炸...

老牌
毕节

毕节臭豆腐

竹签烤肉

砂锅粉

青岩玫瑰冰粉

探寻镇远美食

　　在人们对美食越来越求新求异的时候，往往会到少民族地区追寻原生态美味。于是我和几个朋友邀约，一同前往镇远打探那里的美食。

　　为了吃而结伴，真是别有一番情趣。虽然我们都不是第一次到镇远，但我们还是在不停讨论，镇远到底有什么美食值得大家学习借鉴，又有什么值得旅游者购买的特产呢？

　　到了镇远，我们在古街中段镇远土菜馆吃了简单的午餐，品尝了当地有名的红酸汤㵲阳鱼和猪蹄豆花锅，不同寻常之处便是两个火锅里都加入了当地特产——陈年道菜。

　　镇远陈年道菜已有 500 多年的生产历史，相传最初由贵州镇远县青龙洞中的道士所创，故称"道菜"。由于此菜储藏越久品质越佳，味道越美，因而又称"陈年道菜"。道菜专门选取当地生产的头大、叶长、苔短的特等青菜作主料，经过选料、搓盐、翻晒、揉搓、剔筋、甑蒸、喷酒等 14 道工序，精心加工制成。

加入了陈年道菜的火锅比起凯里的酸汤鱼和花溪豆花火锅来味道更加醇厚，多年陈窖的道菜格外爽口，别有风味，令人难忘。烫食鲜蔬时，搭配的绿色的手切粉条和筷子条状的暗黄色粑粑，正是绿豆锅巴粉和灰浆粑。唯一的遗憾是去的季节不对，没有尝到新鲜野菜。

青酒集团开办的日月酒店是镇远酒店业的代表，在此可以品尝到镇远的美味佳肴，涵盖镇远民间民族菜，独具地方风味。到了晚餐时间，我们去了位于新城的有口道蔡酒楼。它是镇远最大的一家道菜生产厂家蔡家酱园厂开办的，酒楼以自己酱园厂生产的道菜、腐乳、酱油、醋等调料和当地特产烹制的菜肴为特色，如陈年道菜开胃拼、道菜潕阳鱼、道菜炒鸡丁、道菜扣肉、道菜蒜香肉、道菜炒河虾、道菜黄瓜、道菜炒汤圆、道菜铁板茄、道菜香酥鸭等，辅以当地的特产杨梅米酒、猕猴桃果酒，很是对味。

酒足饭饱，我们一边观赏古城夜景，一边采购了镇远知名的土特产姜糖、猕猴桃干、猕猴桃果酒、陈年道菜、豆腐乳、

第二章／寻味儿

酱油、麸醋。第二天早上，带着大包小包的土特产，我们四处寻找可以往火锅里烫食的绿豆锅巴粉和灰浆粑。绿豆锅巴粉与贵阳的粉面吃法相似，而锅巴粉还可以加甜酒煮食。

不能不提的是路边小巷的油炸粑，这种一元钱能买 3 ~ 5 个的油炸粑，是用米浆和烧青椒或油辣椒，在特制的用具里下热油锅中炸制而成，外脆里嫩，香辣鲜爽，回味悠长。

走马铜仁餐饮市场

探寻镇远美食后，与同行的美食爱好者各奔东西，经玉屏到达地处贵州东北角的武陵山脉中部——美丽富饶的宝地铜仁。铜仁历史悠久，元代时有渔者没入水底，得铜人三尊，挽而出之，因此得名。铜仁建置已有 1300 多年，明永乐十一年置铜仁府，明万历二十六年置铜仁县，1949 年 11 月铜仁解放仍置县，1987 年 8 月 21 日，经国务院批准，撤县建市。

虽然多年不在酒店工作，笔者却有很多志同道合的餐饮界朋友，在铜仁餐饮业工作几十年并已退休的 80 多岁的丁成厚就是其中一个。丁老对铜仁餐饮事业的发展热情到了"疯狂"的地步。他背着背包，仅用两天时间就带着我走遍铜仁大街小巷，其间言语一直未停。

铜仁的酒店餐饮业借多彩贵州旅游而稳步发展，风味餐馆特色尤在，创新快，风味小吃遍地都是，农家乐仍是休闲餐饮之热门，各县特色酒楼也开进了铜仁。

铜仁紧邻湘西渝北，除了具有黔菜的主体风格外，深受渝派川菜和湘菜的影响，尤其是近些年川菜、湘菜对外的扩张，大批的川厨、湘厨拥进铜仁，使铜仁菜集黔菜、民族菜和川菜、湘菜特点与一身。如金顶酒店行政总厨、川籍湘厨赖小坤制作的三椒铁板脆牛肉、乌骨鸡烧脆笋、酸萝卜老鸡汤等，适合南来北往、不同口味的人士食用。而本地人还是习惯到价格适中的风味菜馆，比如从小餐馆做起来的亲妈饭店，确实让人有些回家的感觉，一道由厚厚的盐菜肉与本地麻鸭、子姜、豆瓣、糍粑辣椒烹制的红味火锅，放在烧杠碳的架子上端上木方桌，辅以精致的盐菜肉、酢肉、糟辣锦江鱼、酸脆萝卜，真是找到了家的感觉。走访中，发现当地这样的酒楼还真不少。

虽然天气变冷，谢桥的农家乐还是那么火热，人们热衷去那里度假游玩，去小吃街的热情不减。早餐市场上，热汤米豆腐可谓当地特色，这个吃法和贵州其他地方不同，煮热后会加上各种臊子。用黏米、腊肉、野葱、青蒿、花生仁、核桃仁制作的社饭，色鲜味美、酥软喷香、黏糯适中，为男女老少所喜欢。此外还有桐子叶包着蒸熟的棉菜粑和时尚的狗肉锅巴粉、沿河土家族糯米包子等。

走之前，笔者特意去品尝了沿河土家酒楼的浑浆豆花、沿河豆干糯米包子、香拌豆腐干丝、棒豆洋芋炕锅巴饭等。对铜仁餐饮市场十分了解的丁老先生一再挽留，希望我再到各县特色酒楼在铜仁开设的分店转转，不用远行就能吃遍铜仁周边的特色风味，并感受他们的地域文化。离开铜仁，还真让我有些舍不得。

兴义：
天下奇观万峰林，传统小吃有乾坤

　　黔西南布依族苗族自治州首府兴义市，是全州政治、经济、文化、信息中心，地处黔、滇、桂三省区接合部中心地带，是贵昆南经济圈的中心，交通四通八达，地理位置优越，素有"三省通衢"之称。兴义环境优美，山水风光秀丽，有"山水长卷，水墨金州"之誉，正着力打造休闲旅游胜地，国际山地旅游大会、国际山地美食文化节均在此举办。

　　旅游业的兴起，使酒店餐饮业发展迅猛，富康国际、金州翠湖、皇冠假日、国龙雅阁、赵庄戴斯等五星级酒店众多，使兴义成了省会贵阳之外的又一高级酒店聚集地。星级酒店的餐饮地方化尤为明显，菜品有金州跑山鸡、风味万峰小鱼干、盘江酸笋鱼圆等美馔。而御景宴府研发的金州十八景经典美食中的石斛狮子头，狮子楼的布依族全席里的布依焖锅盘江鱼，盗汗鸡酒楼传承四代的非物质文化遗产百年盗汗鸡，福园黔菜馆的当家菜手撕筒骨，连锁企业盛味黔水渔升级创新的酸笋鱼锅，盘江宾馆的竹筒茶香牛头皮，鱼米之乡富贵酒楼的黔龙出山，熊大辣鸡店的黔兔出山等，引领当下美食潮流，一路向前。兴义又有马岭河、万峰林奇观，让美食与旅游相得益彰。

兴义，被称为"羊肉粉之乡"，这里有贵州第一个羊肉粉产业集团。传统的羊肉粉、杠子面、刷把头、鸡肉汤圆等四大兴义名小吃中，羊肉粉率先实现产业化升级。此外，董氏粽粑、禾生粑粑、媛媛糕粑稀饭等米食都是游客来到兴义时值得品味的小吃。

兴仁:
重现中国薏仁宴，长寿之乡大产业

　　兴仁，被称为中国诗词之乡、中国长寿之乡、中国薏仁米之乡、中国牛肉粉之乡。"仁义之乡，兴旺之地""长寿之乡，康养福地"分别阐释了兴仁之名的含义和兴仁之地宜居宜商的特点。

　　在兴仁，早餐来一碗南盘江小黄牛制作的牛肉粉，抑或盒子粑加豆浆稀饭、八宝粥，也可以是辣鸡面、炖鸡面、卷粉或者三合汤。华灯初上，地方风味美食丰富的夜市上，碳烤肥牛、鸡矢藤粑粑、糕粑、冰粉，让人直呼吃得太撑，哪里睡得着？布依族、苗族、彝族特色菜和八大碗、全牛宴、辣子鸡、酸汤鱼等家常菜、农家菜百花齐放，口味纯正，满口溢香。

　　从东汉时期交乐汉墓出土的夜郎国庖厨俑，到东汉伏波将军的薏仁米被视做珍珠的历史故事，一路追溯，或可明确中国薏仁宴的来历。

在兴仁县薏仁米产业发展办公室积极推进下，由黔西南州饭店和餐饮协会王文军会长、张智勇副会长、王利君副秘书长牵头，联合兴仁大酒店、帝贝度假村和兴仁特色馆的唐福、刘纯金、宋锡彪、陈宇达、《中国黔菜大典》编辑吴昌贵等人组建团队，潜心研发，复原并创新中国薏仁宴18款美食，并细化为迎宾宴、旅行宴、家宴等，以满足社会需求，提升兴仁美食，拓宽薏仁市场，聚力扶贫攻坚。

安龙：
百年荷塘半山亭，荷花佳宴请君尝

安龙，被称为中国剪粉之乡、中国武术之乡、中国木纹石之乡，被评为中国五十佳最美小城、中国文化生态旅游示范地、贵州历史文化名城。

素有"三千年文化，三百年荷花，三十处美景"美誉的黔桂两省区接合部的安龙，生活着布依族、苗族、土家族、侗族、彝族、仡佬族、水族等少数民族，民风淳朴，自然资源丰富，文化底蕴深厚。这里旧石器时代晚期就有人类活动。汉代以来史不绝书，永乐年间，安龙成为黔、桂、滇三省交汇重镇，明清为贵州西南重镇，南明永历朝廷播迁至此，建都四年，是贵州历史上唯一建立过皇都的地方，也称"龙城"。张瑛、张之洞、吴贞毓、招国遴、王宪章、袁祖铭等时代风云人物，在历史长卷中书写了浓墨重彩的一笔，留下了招堤、明十八学士祠、兴义府试院、南明永历皇宫等丰富的历史和人文景观。

安龙早餐较为有名的霸道面，与"伤心凉粉"异曲同工，香辣爽口，确实霸道。安龙的剪粉和饵块粑是金州一绝，著名的点心荷花酥、瓦饵糕、鸡矢藤粑粑、荷城油香饼极具特色。

荷花宴成名已久，多为餐饮企业自主经营，荷芳佳宴酒楼制作的荷香百花酿香菇、飘香藕夹、荷塘月色、醉荷鸡、荷叶煎蛋、荷乡羊肚菌扒鸭掌等菜品，继承传统工艺，又开拓创新。此外，以羊肚菌、鸡油菌、鸡枞菌等开发的菜品和食品正呈上升趋势，与酒店农家乐菜肴、民族饮食融合发展，快速推动了荷花宴品质的提升和安龙餐饮业的发展，从而助力安龙黔菜出山、黔西南黔货出山、贵州特色农产品风行天下。

贞丰：
圣母双峰当感恩，保家牛肉味最纯

贞丰，被称为中国金县、中国糯食之乡、中国花椒之乡、中国砂仁之乡，同时也是中国避暑休闲十佳县、民族文化旅游扶贫试验区。

贞丰得名于清王朝镇压南笼起义之后，取"忠贞丰茂"之意。这里山清水秀，民族风情浓郁，古今文化源远流长，天下奇观——大地圣母双乳峰享誉国内外。贞丰以药（花椒、砂仁、葛根、金银花）、果（四月李、火龙果、核桃）、畜（肉牛、下江黑猪、金谷黄鸡）为特产，以粮、烟叶为基础的农业发展格局，其中，花椒、砂仁获国家地理产业标志保护认证，下江黑猪、金谷黄鸡被评为有机农产品。

贞丰有着悠久的糯食文化，糯米饭、粽子、糕粑、甜酒等糯食是贞丰人日常生活中喜爱的小吃，制作工艺独特。胖四娘、余家粽子、熊大妈等多家老字号作坊升级为食品生产企业，"中国糯食之乡"的称号是对贞丰糯食文化的肯定和赞誉。糯食之外，贞丰家常菜、农家菜丰富多样，民族饮食文化异彩纷呈。

拥有食品生产加工研发基地、美食广场、文化电商产业园，并在全国多个城市开启连锁和加盟店的保家老店餐饮，其全牛宴荣获"中国十大山地美食"和省、州、县多次金奖，是贞丰糯食之外的又一知名品牌。保氏第 26 代传人保勇传承祖上秘方，专注经营美食。保家老店牛肉粉和全牛宴采用高山放养的健壮黄牛为主料，以精湛刀工按部位切分烹饪，加上纯天然调料，并配搭贞丰特色美食成席，肉味纯正，菜美醇厚。

普安:
千年茶树普安红, 苗寨古韵品佳肴

普安, 被称为中国古茶树之乡。取"普天之下、芸芸众生、平安生息"之意的普安, 气候温和, 夏无酷暑, 冬无严寒, 是贵州独有的立体农业县, 也是煤电大县, 烟茶之乡。

普安因景美被誉为中国的第二个九寨沟, 还有世界上最古老的四球茶树2万多株, 乌天麻、银杏、百合、红皮大蒜、薄壳核桃等特产品质极佳。

在有中国苗族第一镇之称的龙吟, 苗族风味菜肴与众不同, 极具特色。用油炸的白壳辣椒炖鸡, 香鲜微辣独具一格。藏于深山的特色菜肴牛干巴、鸡八块、鸡枞油、番茄酱等风味独特。林场中的天麻、竹笋和放养鸡鸭, 用来制作菜肴, 原汁原味。此外, 温泉水、盘江鱼都是不可多得的烹饪好材料。

千年古茶树采摘下的茶叶既可饮，又能食。普安红烧肉加入茶叶，色香味和口感俱佳。用红茶粉做面条，色艳爽滑，口味清新。茶青、茶叶入菜，风味独特。普安茶肴开拓创新，前途无量。

山水之间，食材众多，生态天成，得天独厚的生态资源，正是开发绿色食材的好时机，何首乌、乌天麻等一大批药食两用食材值得大力推广。黔西南州第一个开通高铁站的普安极具交通优势，助推着普安的旅游和美食。在黔菜出山、黔货出山和特色农产品风行天下之机，普安顺势而上，当地美食与旅游一道，走上了新兴发展之路。

晴隆：

二十四拐书传奇，山羊辣鸡谱新章

晴隆，被称为中国三碗粉美食之乡，中国辣子鸡美食小镇。

抗战剧《二十四道拐》首次聚焦二战期间亚洲战场上中国战区最为险峻的运输大动脉——晴隆二十四道拐，上演了"死亡公路"的生命奇迹，唤醒了国人的历史记忆，也推动了晴隆的旅游与美食。晴隆交通便利，资源富集，地处低纬度、高海拔山区，立体气候非常明显，表现为"一山分四季，十里不同天"的特征。天然的原生态大草场，具有发展草地生态畜牧业得天独厚的自然优势，当地优质肉羊晴隆羊，具有杜泊羊的生长速度、澳大利亚白羊的肉质、克尔索羊的抗病能力、湖羊多产的优良特性。

晴隆依托良好的人居环境，蕴育了绿色、健康、生态、丰富的特色食材。晴隆辣子鸡早在抗战期间就兴起，是经不断实践和摸索而独创出来的，以当地优质土鸡为主要材料，配以优质辣椒（糍粑辣椒）、独头蒜、生姜等辅料，精心制作而成。沙子镇辣子鸡美食小镇已初具规模，这里的晴隆辣子鸡香、辣、糯、麻为一体，油而不腻，辣而不燥，脆而不焦，名扬天下。

晴隆的辣子鸡品牌众多，味型多样，菜式不一，各具风格，形成了麻辣鲜香的晴隆"小麻辣风味"。郑记辣子鸡、糍粑辣子鸡、干锅辣子鸡、青椒辣子鸡、泡椒辣子鸡、赵氏辣子鸡、豆豉辣子鸡、毛哥辣子鸡齐上阵，又有三林炸鸡壳、油炸酥肉等佐酒小吃来凑热闹。山地黄焖晴隆羊、油炸晴隆羊排、脆皮猪脚和晴隆八大碗等地方著名佳肴，与纯手工的生态南瓜饼、豆沙粑组成一道靓丽的美食风景线，食客们可以边吃边忆二十四道拐的故事，边吃边议晴隆美食的过去、现在与将来。

册亨：
布依山寨第一坊，五彩糯饭万甲习

册亨，被称为中华布依族第一县，中国布依戏之乡。

册亨是一个"山水册页、幸福亨通"的地方，地处珠江上游南盘江、北盘江两大支流交汇地带，居住着布依、汉、苗、壮、仡佬等 20 余个民族，少数民族人口占 79%，其中布依族占 76%，建州是全国唯一的布依族自治县。这里光照充足，雨量充沛，素有"天然温室"之称，适应各类植物的生长。该县的茶油、五彩糯米饭和布依族特色食品为一绝，形成了集山、水、林、峰、古今文化及民族风情为一体的优美画卷。

五色糯米饭在册亨菜市场平时只有三五家销售，但遇上赶场天（赶集），十数家摆开的大甑在街中形成市场，极为壮观。吃五彩糯米饭，包熟芝麻春蓉拌制的芭蕉心和山野菜，是布依

族喜爱的美味，用布依话叫"万甲习"（音译，汉语意思是太好吃了）。万甲习食品厂制作的五彩糯米饭、褡裢粑很受欢迎，采用现代化真空包装，远销各地。

河滨北路滋味轩餐馆的酸汤牛肉火锅和牛干巴炒小黄豆、布依包菜等，立足传统，真材实料，烹调得当，风味极佳，佐以布依米酒，豪爽过瘾，远近闻名。南盘江边的贵村民间菜、弼佑盐水面等，地方风味浓郁。中华布依美食第一坊是兴义狮子楼打造的布依族风味餐厅，在这里能吃到上房鸡、下水鸭、炸壳鱼等好吃又好看的册亨地方美食。

望谟：
热情好客布依族，河中至鲜在两江

望谟，被称为贵州天然温室，中国布依族古歌之都，中国传统纺织文化之乡。

望谟之名源自"王母"之意。望谟的山，峰峦接天，大气磅礴，巍峨矗立；望谟的水，银匹壮美，小桥过川，宏大秀美并存；望谟布依儿女是最热情的东道主，特色民族风情是独一无二的风景线。南北盘江、红水河的两江一河独特地理优势和亚热带湿润季风气候，具有明显的春早、夏长、秋晚、冬短的特点，中部和南部地区农作物一年三熟，其他地区一年两熟。万亩甘蔗、油茶、火龙果、坚果、芒果、板栗等基地，特色牧养猪、牛、羊基地，林下绿壳蛋鸡基地，万亩优质无公害蔬菜基地，万亩红缨子高粱和中药材基地构成了望谟美食绿色生态体系。

　　传承百年的传统米食板陈糕、米线糖、五色糯米饭、褡裢粑风味浓郁，深受人们喜爱。黄豆鱼、酸笋鱼、清水鱼、酸菜花干板菜煮鱼等，是两江一河和麻山山区人们的风味家常菜，源远流长。此外，布依脆皮肉等美食也流传较广。

　　板栗是望谟新发展的经济作物，特定的生长环境，使板栗产量高，并具备上好的口感。将其运用于菜点中，为望谟饮食增添了新亮点、新口味。

尝味儿

第三章

美食的诱惑是无人能抵挡的，美食又是记忆的最佳载体，一道菜，可以让人记住一个地方，回味一辈子。

穿行在高原山区蜿蜒的高速公路上，下车看一看满山遍野的风景缓解疲劳，品一品深山绿色食材烹制的家常黔菜，暖胃养身。

"一山分四季，十里不同风"的特定环境中，数不清的地方美食滋养着贵州各族人民。原生态的食材烹饪出的美味，不得不尝。

青岩美食与状元蹄

一夜梦醒，发现自己的配枪神秘失踪了！于是马山沿着青石板路开始了一段寻枪之路。因为枪维系着小镇的安宁与平和……一部《寻枪》，让我们知道了青岩。

"突起河干，登于上，可眺望数十里。"青岩，本是山名，因山崖呈现黛青色，故名"青崖"，现称为"青岩"，其位于"高原名珠""中国第一爱河"花溪国家级风景名胜区南部。已有六百余年历史的贵州文化古镇青岩，居住着汉、苗、布依族等民族，风景秀丽、物产丰富、民族和睦、民俗浓郁。到青岩，既可以领略田园风光，参观古镇的寺、庙、阁、祠、院、宫、楼、堂、府、牌坊及新旧城墙等，又可欣赏苗族、布依族的艺术表演，品尝青岩古镇独特的传统佳肴。

青岩古镇传统佳肴始于五百年前，当时青岩地处贵阳至惠水和云南、广西交通要道，各地商贾云集，文化、经济繁盛，商贾们不仅带来了各地商品，还带来了各种特色菜肴。本地厨师取长补短，融和本地口味，创造了集川、黔、湘、粤、苏等菜系风味于一体的独特古镇传统菜肴：余子、宫保鸡、八宝饭、盐菜肉、炸羊尾、夹沙扣肉、小米渣、泥卷、香脆花生等。此外还有灌汤八宝饭、卤猪脚、菜汁米豆腐、鸡辣椒、青岩恋爱豆腐果等名小吃。近年来，旅游发展带动了相关产业的发展，尤其是烹饪特色原料，如盐酸菜、血肠、血豆腐、阴辣椒、阴苞谷、香辣脆、干豆腐、豆腐果、干腌菜、干土豆、干花菜、干黄花、干蕨菜和双花醋、玫瑰糖等，让游客品完美食还可以带着原料回去自己亲手制作。一些餐饮业发达的省区，时常派菜品开发人员前来考察和寻找原辅料，回去改造成创新特色菜肴。据笔者了解，从青岩购买原料后，四川、重庆和辽宁等地创制出了干黄花蒸排骨、干莲白炖土鸡、干土豆片夹火腿、干莲白回锅肉等系列菜品。如有机会，你可以去尝尝哦。

状元蹄，即卤猪脚，又名古镇猪脚。相传清朝时期，青岩举人赵以炯为上京赴考，常温习功课至深夜。一日，忽觉肚中饥饿，便信步走到北门街一夜市食摊，点上两盘卤猪脚作夜宵，食后对其味赞不绝口。摊主上前道："贺喜少爷。"赵问："何来之喜？"摊主不失时机道："少爷，您吃了这猪脚，定能金榜题名，'蹄'与'题'同音，好兆头，好兆头啊。"赵听后一笑，不以为然。不日，上京赴考，果真金榜题名，高中状元。

回家祭祖时，赵重礼相谢摊主。此后，卤猪脚便被誉为"状元蹄"，成为赵府名食，后经历代家厨相传至今。

制此状元蹄，需选农村饲养一年左右的猪之蹄，加入十余种名贵中药，经文火温煨，精心卤制，吃时再辅以青岩特产的双花醋调制蘸汁，入口肥而不腻，糯香滋润，酸辣味美。凡到古镇游览者皆以品尝此蹄为快，并对此美味赞不绝口。如今，"游青岩古地，品青岩美蹄"，已成为当地的一种旅游文化现象。

游王学圣地品扎佐蹄髈

距离贵阳仅 38 千米的修文，地处黔中腹地，被中外研究王阳明心学的专家学者称为"王学圣地"。公元 1506 年，明代著名哲学家王阳明被贬谪到贵州龙场（即今修文县）作驿丞，于此"龙场悟道"。王阳明在这里格物致知，创立"知行合一"学说，并创办书院传播文化，提升贵州文明。

修文有贵阳八大景之一的阳明洞，位于修文县城东北 1.5 千米的龙冈山腰，龙冈山林木葱郁，山麓绿水绕田。山上有阳明洞、何陋轩、君子亭、王文成公祠等。修文还有玩易窝、三人坟、古驿道、天生桥等具有代表性的人文景观，融山、水、洞、瀑为一体，兼有三峡之雄、漓江之秀的六广河大峡谷风光。此外还有潮涨潮落的间歇泉三潮水，回水、高枧的绿色石林，适合漂流、探险、休闲度假的桃源河生态旅游区等。

到修文旅游，体会"龙场悟道"，思考"知行合一"，说到吃的，若不吃扎佐蹄髈火锅，会让你遗憾不少。2001年，笔者前去旅游，想看看阳明文化的点点滴滴，顺便品尝扎佐蹄髈，结果下车后连走几家餐馆都被告知，还没做好，请到别家去吃。原因是扎佐蹄髈需要蒸制8小时以上，而他们才蒸了不到6小时。

后来再次专程前往修文，重游阳明洞，吸取了上次在县城的教训，观游过阳明洞的美景，浏览了新老县城的变化后，就直接前往贵遵贵毕高等级公路交汇处的扎佐镇，去品尝闻名于世的扎佐蹄髈火锅。

扎佐蹄髈，是修文扎佐镇的传统名菜。此菜制作看似不难，实际却有些讲究，要做到皮脆而香糯不烂，肥肉入口不腻而形整，瘦肉细嫩无渣而不柴，火锅辅料清香而乡土味浓郁。笔者运用比较专业的烹调技艺，对此菜调整后试做了几次，均获成功。

将新鲜猪蹄髈（肘子）在煤火或者电炉火上烧至色黄、皮焦，再用热水浸泡，刮洗干净，入沸水锅中，加老姜、大葱和料酒煮至皮紧，除去血沫，取出后趁热在皮上抹甜酒汁或糖色、酱油等，略干后下七成热油锅中炸至皮焦黄、略起泡，装入盆内，放些香葱、大蒜、八角等，连盆一起放入甑子或者蒸笼中，大火蒸至上汽，中火蒸8小时即可连盆取出，有条件的酒楼或者家庭，改蒸制器具为盗汗锅更佳。另起锅炒香本地酸菜，连蹄髈带汤汁倒入，煮至入味，最后放入垫有黄豆芽的火锅盆中，上火煮食。当然，要吃正宗的扎佐蹄髈，最好还是去扎佐或者修文县城。

除了扎佐蹄髈，修文的乡土菜肴风味也很棒。近年来，修文阳明宴研究会和修文县相关单位及餐饮企业将传统菜肴与阳明著作或民间遗留下来的相关资料相结合，研发出了扎佐蹄髈、幽竹劲节、红云娇客、玉盏春光、瑞鸟朝阳、六广河鲇鱼、荒原野烧、骟鸡豆腐、西山蕨菜、炒野菌、清炖鹅汤、酸菜洋芋汤这十二道主菜，另有米饭或苞谷饭为主食，配席间小吃野菜饺子、玩易窝窝头、龙场小包子和阳明宴酒、六屯高峰苔尖茶、六广河猕猴桃，组成具有地方饮食文化特色的宴席。

看来，游修文，也是走进了食修文的另一种旅游境界了。

外婆佳肴黔羊羊

你还记得外婆做的菜吗？你还记得外婆护着你躲过妈妈的惩罚，偷偷塞给你的那些亲手制作的美味吗？观山湖大关餐饮集聚区，有一家装修古朴的餐厅，名黔羊羊，崇尚"食材第一，健康至上"理念，追求"吃得新鲜，活得健康"的经营目标，为顾客找寻孩童时代的美食记忆，于春暖花开之际，寻得年轻的外婆，为大家操刀奉献外婆菜。

俗话说，十岁定口味，这是一生中对美食记忆最为深刻的年龄阶段。无论南粉北面，还是东辣西酸，随着社会的发展，原材料的供需平衡被打破，烹调技术的创新使菜肴口感越来越好了，可味道却变了，不再是记忆中的味道。好多年没有感受到、甚至都没有回忆起外婆菜的味道了。只记得外婆做菜，简单清洗，锅中翻炒，爱用米汤，调味简单，装盘简易，色香味美，关键是我们可以偷吃……

外婆做菜，极会搭配，虽是院子里和储藏于家中的干货等自产物品，仍可烹出百味，调出花样。一棵白菜可以分成三段做成三个菜，一堆洋芋可以炒出三个口味，三种辣椒还能烹出一个菜……外婆做的菜，肉就是肉香，虽有配料辅助，但肉香为主，辅料加味；豆腐不知是炒的还是烧的，反正清爽不糊，没有芡汁，却豆香十足，口感细腻，红彤彤的辣椒也无法掩盖其味，关键是本味如此。一句话，外婆的菜，吃着香，外婆的菜，暖心暖胃。

外婆做菜，是用爱在做菜。如今年轻的外婆也像自己外婆当年做菜那样，给家人朋友做菜，用心做菜。

山水农家乐，生态鱼肉蔬

　　三年前因为考察家乡绥阳青杠塘的生态黑猪肉，途经旺草，偶然地走进山水农家乐，依山傍水的优美环境和回归传统的美味菜品，让人胃口大开，大快朵颐，回味无穷，仿佛回到少年时代，忆起当年的味道。

　　再去山水农家乐，是"寻味黔菜"活动时，与黔菜专家和《中国烹饪》杂志、《四川烹饪》杂志、《高铁》杂志、中国食品报等媒体记者一同前往采风，正值改造中的山水农家乐菜品美味依旧，得到同行和媒体的肯定，纷纷发文推荐。

　　第三次走进山水农家乐，算是刻意行动，因为脑海中已经深深地印着这里的山山水水和乡愁味道。三五亲朋，坐于河边，或垂钓，或喝茶聊天，或研讨工作。如果你是旅行劳顿到了这里，站或坐在江景房落地窗边发呆，欣赏一下山水田园的宁静，困乏随之远去。

山水农家乐位于乌江下游大支流——芙蓉江边，紧靠绥阳核心旅游景区水晶温泉、双河溶洞和207省道，交通极其便捷。山水农家乐依水而建，有家乡柴火鸡长廊、河边垂钓区和野生鱼观赏垂钓区、生态蔬菜观赏种植园。溶洞暗河交错的芙蓉江上游水质清新，无污染，野生鱼种类繁多；大山中丰富的动植物食材，保障了生态蔬菜的来源。山水农家乐结合家庭工艺的妈妈菜，将不可多得的食材味道发挥得淋漓尽致。

油鱼棒是躲在溶洞暗河生长的小型鱼种，身体呈木棒性的圆柱体，每年夏季旺水期被大水冲出，藏在深水石崖边，甚是稀少，与长寿之乡广西巴马油鱼同源。其肉质细嫩，蛋白质含量极高，营养丰富，可文火双面煎制，也可黄焖做成火锅，热乎乎的一锅，配上野菜、家制石磨豆腐、香肠腊肉、绥阳独特的煎酸鲊肉、红烧黄锦、阴苞谷米炖腊猪脚等，美味至极，吃到肚子撑。吃罢出门走走，夜观天象，轻吸几口带着农家肥田园气息的空气，感受芙蓉江上游和风清凉。

旅游或者出差，探亲抑或访友，走进绥阳，不要说路过，就是绕道也得去山水农家乐搓一顿，宿一夜，你来吗？

第三章 ／ 尝味儿

119

播州处处豆腐鱼

播州，古遵义别称。今遵义市播州区乌江镇的豆腐鱼早已声名在外，成为播州第一菜。

旅遵期间，偶然前往播雅湿地公园考察和用餐，打鱼子鱼馆生意甚是火爆，雨后冷清的中午仍然高朋满座，上桌来一大盆豆腐鱼，红彤彤的汤汁，忽隐忽现的白色豆腐和黑白相间的鱼块交错相映，与表面那绿白配的香葱花一道，构成一幅与外景对应的山水田园美景。

动筷？还是不动筷？扑鼻而来的葱香味、豆香味、鱼香味、香辣味，夹着春雨过后的泥土味、青草味、花香味，阵阵袭来，正在分辨是否混有米香味、肉香味时，主人一声客气的吆喝"吃鱼、吃豆腐、吃菜"，停滞在半空的手随嘴动，夹一块鱼入口，鲜嫩、脆爽、香辣不燥，汁浓味厚，入口即化。再动筷子，轻轻夹起一块穿上"红衣"的豆腐，豆腐是石磨豆腐，细腻、滑嫩，与鱼烧炖后融汇了鱼鲜味、辣香味、葱香味。搭配酸海椒炒肉、煳辣椒红油拌卤猪耳、炝炒时鲜莴笋叶，吃一顿饱饭，即使没有喝酒，也是美哉。

俗话说"千炖豆腐万炖鱼"，豆腐炖鱼本就美味，这香辣味的豆腐鱼实数乌江边上的经典之作，乌江豆腐鱼作为黔菜代表，值得一品。在乌江，在遵义，在贵阳，在北京，在台湾，笔者都吃过豆腐鱼，在播州地界更是多次吃到豆腐鱼，可能因心境，也可能因环境，在湿地公园内生态餐厅吃过的豆腐鱼，总感觉格外美味。

黄果树鲜蹄髈火锅

前一阵子，有餐饮界老板和协会秘书长邀我一同前往黔西南考察万峰湖边的一个大型度假酒店，归途经过黄果树时已是晚上，饥肠辘辘，于是边走边寻门前车多的店家，有个说法是人越多的餐馆菜品味道就越好、菜品就越新鲜。很快，我们就走进了一家没看清店名的地方，老板不冷不热地问要点什么，我们也懒得说话，只是指了指另一桌上摆着的火锅，得到的回答是鲜蹄髈火锅。路途劳累了两天的我们顿觉新鲜，好像少去了很多疲劳，却感到更饿了。

火锅上得桌来，确实让人感觉新鲜，白开水里放了些煮熟切成大薄片的蹄髈肉以及萝卜片、黄豆芽、青蒜苗、小葱段等，还外带一大筐白菜薹。当然，和断桥焖辣椒一样够味的辣椒蘸水合着苦蒜花、折耳根末，刚舀了一点蹄髈汤进去就飘出了山野味，想必焖辣椒是手搓的，苦蒜、折耳根刚来自田野山间不久……迫不及待地夹住一片肉，合着一片萝卜，在煳辣椒蘸水里搅了一转，递进嘴里，真是找到了美食的感觉。边吃边开始煮食白菜薹，有大块的鲜蹄髈搭配蔬菜，既没有感到清寡，也没有丝毫的油腻感。

这火锅的来历或许就是乡村许多年前就流行着的家庭合合火锅，将白水入锅中放在火炉上，把油渣或者肥肉片、瘦肉片等放进烧开的锅里，再端来一大盆菜地里摘来的鲜蔬菜和山沟里采来的野菜，别有一番风味。

看来，真要是出了门，或远或近，有机会是得去找找当地一些不为人知的美味。黄果树鲜蹄髈火锅，是此前多次去黄果树未曾品尝的，是值得知味者去品鉴的。

第三章／尝味儿

桥城一锅香

剑江是沅江的支流之一，由北向南穿越都匀市区，流程达
90 多千米。而剑江的主要水源谷江河等 9 条河流汇于贵州黔
南布依族苗族自治州首府都匀市区，河上所架桥梁多达百余座，
故都匀又称为高原桥城。

桥城内不仅有始建于明代万历年间的文峰塔，还有天然的
喀斯特园林和融楼台亭阁于一体的百子桥等。这里居住着苗族、
布依族、水族、侗族、瑶族、壮族、汉族等民族，民族风情浓
郁。如果您旅游至此，在领略秀美山川和民族风情的同时，可
不要忘记品品桥城的民族民间菜点。

在一次旅行中，笔者不经意间发现在新桥头铁路桥边有一
家"歪菜馆"特别醒目。是啊，歪菜，不正是人们对"正宗"
的一种互补吗？

进得门，一眼即见大大的木牌上书写的歪菜边卡吊、干煸腊猪脸、黄焖狗脸、三都水族虾酸等 10 余个菜名。点了一份歪菜边卡吊、干煸腊猪脸和素虾酸后，原以为要等一段时间，结果不多时菜就上齐了。乍一看，这不就是其他地方的全家福、一锅香吗？但细看又不是。满锅看似油腻的猪耳朵、猪脆肠、黄喉、牛毛肚、牛蹄筋和鲜蕨菜、鲜青菜末、芹菜段、蒜苗段以及水发风干萝卜等，配上晾冷的水族虾酸白菜豆芽汤，不仅不油腻，反觉满口生香、回味悠长。这菜不就是贵州民间一锅香的另一种形式吗？记得我还曾经发表过一篇文章，文中谈到水族一锅香是一锅老酸汤中煮食各种荤素食材，且奇就奇在它那煳辣椒面蘸水置于锅中央或锅边；侗族一锅香则是将各种炒菜、烧菜、炖菜等烹制好后合为一锅上火煮食。眼前这又是一款贵州民间一锅香？来自民间的天然绿色原料，不加修饰就展现在食客面前。也许这款来自民间的一锅香不直接叫一锅香而名"边卡吊"，是为了更能体现"歪菜"风格。边者非正料；"卡吊"要么是民族音译，要么是想让更多的游客记住"歪菜"，"卡"你进来，"吊"你胃口。

值得一提的是，出于少数民族同胞的真诚，上菜后当即送来了免费的虾酸汤，见我们只有两人，怕我们吃不完就没有烹调干煸腊猪脸，没想到最后竟送了半份给我们品尝。现在想来，这不正是黔菜味美与黔人淳朴的最佳写照吗？

与水山洞林媲美的荔波美食

以大小七孔闻名于世、溪河交错、洞林奇特的荔波县，地处黔南布依族苗族自治州边陲，东南与广西壮族自治区的环江县、南丹县毗邻，东北与黔东南苗族侗族自治州的从江县、榕江县接壤，西与独山县相连，北与三都水族自治县交界。这里杂居着布依族、水族、瑶族、苗族、毛南族、汉族等民族，少数民族人口占总人口的 90% 以上，人口较多的布依族，占全县总人口的 65%。

除常见蔬果野菜外，当地有水果树种 114 种，竹类 14 种，为荔波饮食提供了丰富的原材料。荔波美食具有典型的黔南民族风味酸辣鲜野的风格，除了典型的家常长桌农家欢乐宴，这里的百姓还擅长制作江河溪湖、山间林区的鲜美稀奇之物，诸如布依族的全狗宴香肉系列、盐酸菜、阴辣椒，水族的鱼包韭菜、鸡煮菜稀饭，毛南族的腌蚯蚓，以及各民族均制作的虾酸、杨梅汤、烤鱼、烤乳猪、血豆腐、水虫稀饭等食物。

　　相传在远古时代，洪水、疾病、贫困、饥饿的阴云笼罩着水乡大地。水族同胞们面对这突袭的灾难，无所畏惧，想尽各种办法展开顽强斗争，采集了九种当地蔬菜和鱼虾合制成一种包治百病的良药妙方，治好了许多在病魔中挣扎的水族人民。他们重建家园，水乡很快又恢复了原有的青春活力。可遗憾的是，随着岁月的流逝，药方失传了，为表达对先辈的敬慕和怀念，水乡同胞用韭菜代替九菜，沿袭成今天的韭菜包鱼，并在隆重节日里款待客人，以祝愿大家永远健康；在丧事中作为祭品，以表示对先辈们的怀念。

　　荔波及周边县市民风淳朴，百姓热情好客，这里的同胞不论远亲近朋，或是非亲非故的陌生人，只要踏入家门，均奉为上宾，常在宾客到家后最先用鸡煮菜稀饭作为招待宾客的垫底饭，亦称迎宾饭。吃完此饭后，才开始安排正餐。

　　荔波盛产杨梅、冰粉籽等山野之物，勤劳的人们将杨梅腌泡糖蜜成杨梅汤，既可长久保存，又是炎夏解暑良饮；冰粉籽更是奇妙，用纱布包上，在清水中搓揉出浆，用生石灰水或酸汤等物点制后快速凝固成晶莹透亮的结晶体，辅以杨梅汤或蜜玫瑰、红糖水，冰爽解渴，妙不可言，回味无穷。

锦江河畔鱼飘香

　　铜仁火车站右侧锦江边上的210省道清水塘段集中了黔、渝、湘、川等风味的餐馆足有五六十家，不论店名是否叫鱼庄鱼馆，清一色都有自己独特风味的鱼肴鱼火锅。铜仁干锅鲤鱼、石锅炖角角鱼、凯里酸汤鱼、剑河温泉鱼、贵阳肠旺鱼、独山盐酸干烧鱼、湖南剁椒鱼、湘西烤鱼、重庆肥肠鱼、四川火锅鱼……琳琅满目的鱼肴这里都有，就算不吃，去看看也好。

　　在前往铜仁美食采风期间，发现了新的美食去处。下得火车，本来计划前往松桃苗族自治县去看看苗族美食，但坐着中巴车沿着锦江河畔走了不到两千米路，就热得坚持不住了，直接叫中巴车停车，没来得及问是否可以退票，就下了车。虽然气候炎热，还是一家一家研究起了店名，细细查看一道一道的招牌菜。虽然店名各具风格，但店名下面必有鱼肴作为主营的提示。缘中园肠旺鱼、剑河角角鱼庄直截了当进入主题，凯里人家自然是经营酸汤鱼为主的，万山鹅肉馆、湘西风味馆等表面上看似与鱼无关，其实都有锦江鱼肴。

凯里人家是凯里的大厨前来此地开的店，完全带来了黔东南的民族风味。缘中园肠旺鱼曾经是做重庆肥肠鱼的，后来得到高人指点，前往贵阳学习肠旺面技术，回去后将肥肠鱼与肠旺面糅合成了肠旺鱼。就连一墙之隔的鹅肉馆，也推出了鹅汤鱼。

值得一提的是干锅鲤鱼。干锅在贵州并不陌生，品种繁多，风格各异，但干锅鲜鱼并不多见，如何做到将细嫩又刺多的鱼肉变成干香滋润、回味无穷的干锅？其实做法并不难，将鲤鱼初加工后洗净，小鲤鱼在鱼背剞一字花刀，如是大鲤鱼则砍成大块，用盐、料酒、姜、葱码味，放入油锅中用高油温将鱼炸至皮发硬、色金黄时捞出；锅中留油，放姜、蒜、糍粑辣椒、豆瓣炒香上色，加肥瘦猪肉粒、鱼、胡椒粉、酱油、料酒和少量鲜汤烧入味，随后装入火锅内带火上桌即可。

在去过的众多美食街中，锦江河畔清水塘的主题较为明确，居住在黔渝湘三省之交的铜仁人真是口福不浅，可以慢慢地去品味，不像我等过客，虽为美食而去，却来不及一一品味锦江河畔那不同的鱼香味。

长顺有什么好吃的？

位于省城贵阳南部、黔南布依族苗族自治州州府都匀西部的长顺县，主要居住着布依族、苗族和汉族百姓。在人们印象中，长顺有早熟的蔬菜，而去长顺能吃到什么美食，往往不知其然，笔者也一样。

趁着组织贵州省食文化研究会·黔菜网前往长顺县长寨镇同笋小学捐助黔菜网心黔书屋之机，笔者寻找并品味了长顺县的美食。长顺县虽然离贵阳只有 87 千米，距都匀 178 千米，但是饮食风格却完全属于黔南风味，与都匀等地的口味相接近。

在长顺，不论是在餐馆还是家中，人们都常吃干锅火锅，这里的干锅火锅似乎比其他地方的干锅火锅范围广得多，即使不带汤汁的菜都可以单独或者混合倒在火锅里混着吃，一切煮炖烧焖带汤汁的菜肴都可以作为火锅，更有甚者烧一锅白水，加一点油或者油渣、肥瘦肉片与蔬菜，放在火炉上就吃起来了。

笔者一行到达长顺县城，已经过了午饭时间，就安排我们吃了干锅牛肉。其做法简单得不能再简单，就是将牛肉末炒香，放些芹菜碎，带青菜丝、油炸花生米、凉拌萝卜丝上火烧开即成，食用时边吃边加青菜丝烫食。干锅牛肉好似一道炒菜，但这里把它变化成干锅吃，除了热烙牛肉末，还可以烫食配菜——青菜丝，只觉齿间留香，越吃越香。真别说，自有一番风味，一行几位连吃几大碗饭。让我想起了几年前在都匀新桥头吃的一锅香，其主要特色也在于青菜丝的清香和脆嫩，以及略带的那一点点苦味，美味极了。

其实在长顺，美食还多着呢，我们把它留给更多的知味者去发现吧。在贵州，真是"一山有四季，十里不同天，处处是美食"。

惠水的三大名吃

地处黔中高原南部边坡的惠水县位于贵阳市正南面，距贵阳市中心仅50千米，因涟江支流惠水得名。这里居住着汉、布依、苗、回、壮、侗、水等18个民族，自然条件优越，资源较多，风景秀丽，交通方便，四季分明，饮食文化异彩纷呈。

乘车经花溪、青岩和惠水县长田工业区的101省道，一路在说说笑笑中就到了县城。惠水各族人民除收获了黑糯米、金橘外，还有三大美食值得一提——风靡省城的惠水马肉和毛肚火锅、涟江鱼火锅。

惠水马肉

马肉曾是游牧民族经常食用的肉食之一，在我国已有5000多年的食用史。惠水特色菜首推马肉。严寒的冬夜里，食用马肉火锅可使身体暖和，所以马肉菜肴几年前就已经在花溪、贵阳等地流行。而马肉菜肴在"娘家"更是红火得很，制作也很专业，不少贵州食客专程前往品尝。清水马肉、麻辣马肉、干锅马肉是其主要品种。

马肉的吃法简单，制作也不难，其主料多为新鲜马肉，辅以马心、马脑、马筋、马肠、马肚、马白血等马杂，配以糍粑辣椒、大蒜、花椒、豆瓣酱、胡椒、鱼香菜等佐料精心烹制而成。

毛肚火锅

惠水优质牧草种植面积广，肉牛资源丰富。惠水毛肚火锅名扬省内外，是汉、布依、苗等各族群众青睐的一道佳肴。县城惠兴路立青饭馆经营的毛肚火锅更是四季火爆，其采用农家家传做法，工艺简单独特，汤味可口纯正，鲜美开胃且回味悠长，极具地方民族风味。

毛肚火锅制作时，先选用当地的辣椒和姜蒜制作糍粑辣椒，在锅内慢慢用猪油、菜油、牛油混合炒香出色，加入牛肉的原汤后烫食鲜毛肚和各种荤素配菜，辅以黑糯米酒，夏天食后出一身热汗，再回家冲一个热水澡，真可谓是爽身至极。

涟江鱼

魅力无穷的涟江是惠水境内最大的河流,穿城而过。涟江支流甚多,每一条支流的源头及河道都是景色绝佳的去处。涟江水产丰富,涟江鱼肴无数。县城涟江南路的特色辣水煮鱼以活鲜乌江鱼为主料,以葱、姜、大蒜、花椒、辣椒、胡椒、芝麻、野山椒、香芹、鱼香菜等为辅,以欠粉、鸡蛋清、豆瓣酱、料酒、鸡精、味精为调料,制成后鱼骨、鱼片分离,没有鱼刺,味道麻辣、香糯,麻得可口,辣得开心,食后回味无穷。

惠水还有以涟江狮头鹅作为原料制作的清汤鹅肉,风味独特。此外,县城外环路的正刚豆花鸡特色餐馆等,都值得大家去一尝美味。

走，
到施秉吃太子参鸡去

　　施秉，位于贵州中东部，因"施山秉水"而得名。如今，一山、一漂、一城、一宴，是施秉的四张名片，分别是指世界自然遗产地云台山，有贵州第一漂美誉的杉木河漂流，以太子参为中心打造的西南药城和太子参药膳全宴，因此，施秉成为人们流连忘返的旅游目的地。

　　施秉隶属于黔东南侗族苗族自治州，是黔东南、铜仁和遵义交界的三角地带，居住着汉、苗、侗、布依等 19 个民族。交通十分便利，飞机、火车、公路皆达。从贵阳出发可经瓮安、余庆到达施秉，是周末出行的好去处。去施秉，关键是一定得品一锅太子参鸡。

　　太子参鸡是施秉太子参药膳全宴第一菜，也是施秉第一菜，套用一句流行的广告语：到施秉不吃太子参，等于没到过施秉。

施秉县邀请《中国黔菜大典》编撰委员会组织专家研发的太子参药膳全宴，已经在王朝饭店、皇朝大酒店、杉木河宾馆试验推行。此外，在登云台山、漂流杉木河后，可不能忘了看太子参种植园，品太子参鸡火锅哦。

太子参，石竹科孩儿参根茎，具有益气健脾、生津润肺之功效，常用于脾虚体倦，食欲不振，病后虚弱，气阴不足，自汗口渴，肺燥干咳。太子参鸡能调理胃阴不足所致的习惯性便秘、食欲不佳等症状。选用的鸡是长在山坡上的跑山鸡，以青草杂菜和昆虫为食。

太子参与本地土鸡同炖，辅以少量的淮山药、红枣等小火煨炖，汤清醇浓，鸡肉脆弹，肉质细腻，入口有淡淡的参香，咸鲜微苦回甘，与浓郁鸡香互补融合。这道菜带着火炉一道上桌，淡红的鸡肉，清如白水的汤，沉入锅底的药用食材，漂浮其面的黄色鸡油和绿白相间的葱花。一碗热汤下肚暖胃，吃其肉，品其参，回味一山一漂。抑或吃完这锅鸡，心清神爽地上云台山，下杉木河漂上一漂。不等返回途中，又回味起施秉太子参鸡的味道，赶紧去特产超市购买原产地的太子参，菜市场选购一只本地土鸡，回家好给家人和朋友也炖上一锅尝尝。

你来施秉吗？爱旅游的吃货，不在施秉，就在去施秉吃太子参鸡的路上……

毕节油渣的魅力

毕节，黔西北自古以来的政治文化中心，是国务院批准的"开发扶贫、生态建设、人口控制"试验区。

早在上世纪八十年代，毕节的王傻子烧鸡、毕节汤圆和康家脆臊面就扬名黔中。如今的毕节，流行着康家脆臊面里必不可少的脆臊。

说到脆臊，得先说说油渣。在毕节，每到冬至后立春前农家都要宰猪，制作腊肉和风肉、油底肉等，保证一年的肉食供应。在猪肚皮部位的五花肉上，有一块厚厚的油脂，当地人称作边油，这边油当天就会被切成小坨，在锅中熬成猪油，装在土坛中，供一年四季炒菜用，而在熬制并滤出猪油后，剩余的就是油渣。大多数人将油渣用来炒菜，既节约，又美味。如今，各地酒楼、餐厅竞相模仿纷纷推出油渣炒莲白等，毕节甚至出现了专业经营油渣火锅的餐馆。再来说说脆臊，其实就是油渣经过再次去油，留下的干肉制品。边油油渣不够时，人们就用猪槽头肉等来制作，具体方法是将猪边油、槽头肉、五花肉去皮洗净，切成丁或块，入锅熬出猪油，再加精盐、甜酒汁翻炒，再次去油，洒水追出余油，最后加酱油、醋旺火炼炸，将油渣制成色泽金黄、既香又脆的干肉臊。下面我们就来说说如何将油渣和脆臊制作成美味佳肴。

油渣火锅是用猪油炒香当地特产的糍粑辣椒后，再下大块油渣炒香，加鲜汤熬煮，带火上桌的一款火锅，也有单独制作好锅底后配带油渣一同上桌的，食用时可将油渣略煮就食用，也可以让油渣煮至软化，食用起来软糯爽滑不腻人。食用完主料，还可煮食其他荤素食材，其味香辣醇厚，回味悠长。

油渣炒莲白是将莲花白撕或切成大块、蒜苗切成马耳朵形，净锅上火下油，煸炒香干辣椒段，下油渣、莲花白炒熟，下蒜苗，调入精盐炒制而成，其味清香、可口、回甜，油渣软而不腻，莲花白嫩脆鲜香。

脆臊面的制作分面和臊两部分。面须用面粉和全鸡蛋手工压制而成。臊的制作方法是将猪槽头肉分切成 2 厘米厚的大片，在肉的一面划上 1.5 厘米深、1 厘米见方的花刀，下入油锅以中火浸炸，炸至双面焦脆时，下入另一口干净的锅中，在锅中烹入甜酒汁，此时大块的油渣随水汽的蒸发，立即散开，再烹些酱油、醋和一点点盐，随着甜酒汁遇热发生变化，一粒一粒的脆臊就形成了。要吃脆臊面时，把鸡蛋面条煮熟，放于调有底味的碗内，再放上脆臊，撒红红的辣椒面和绿白相间的小葱花，一碗热情似火，红、黄、绿、白相间的面条就算做成了，配上一碗骨头汤，点缀些小豆腐、鸽蛋在里面，也许就是让你难以忘记的美味了。

离开毕节时，一直回想这里用不起眼的原料做出的如此美味。其实，这些美味早该进入各地的酒楼和千家万户了。

黔西民族美食

　　说到黔西，很少有人了解这里还有独特的美味。作为黔西美食游的第一站，我们有幸碰上了黔西县饮食服务公司的经理和水西宾馆的行政总厨。他们不仅为我们介绍了当地的一些特色菜肴和特产，还亲自烹饪了美味给我们品尝。这里就介绍几款给大家。

　　香辣脆口、口味适宜的香辣脆做法是：将萝卜洗净，切成佛手状，置于干燥通风处 1～2 天，使其阴干，收回后冲洗干净，用少许盐将萝卜拌匀，装坛腌 1 周左右，取出后拌入红辣椒面、酱油、精盐、花椒油、香油，装入盘中即可。

　　黔西红烧肉是由肥而不腻、瘦而不柴、香鲜可口、味道特别的坨坨肉演变而来。坨坨肉是彝族最有名的菜肴，彝语称"乌色色脚"，意思就是猪肉坨坨（块块）。猪、牛、羊、鸡都可制作坨坨肉，以仔猪坨坨肉最为有名。彝族人通过坨坨肉让人感受到了他们待客的热情和大方，也展示了他们粗犷豪放的一面。要制作这款红烧肉，得先将猪五花肉入热水锅中，加老姜、大葱结、料酒煮至六成熟，捞出切成40克左右的大方坨，拌入甜酒汁，下入放有少量热油的锅中，将肉慢慢煸炒至表皮焦黄、收缩至油脂出得差不多时，倒出油脂，调入重盐（因要加入水，不用担心盐味重），往锅内注入两千克左右的清水，中火慢慢煨烧至肉坨鼓胀、软熟时，放入木姜子花、香葱段，起锅，装入大钵或火锅内上桌食用。食用时可与灌汤包同吃，也可以蘸蘸水食用。

杂粮清香、鸡肉软嫩、味浓鲜美的杂粮粉蒸鸡的制作方法是：将仔鸡宰杀洗净，留头翅，去骨剁成长约5.5厘米、宽2厘米的条块；玉米、大米、小麦、荞麦加花椒入锅炒至呈浅黄色，磨成粗粉；鸡肉加精盐、味精、白糖、胡椒粉、木姜子粉、姜末、豆腐乳汁拌匀，腌入味，加鲜汤、米粉、猪油拌匀。装在蒸碗或小竹笼内，上笼蒸至熟透软和，取出翻扣于盘中或直接将小竹笼上桌，稍加点缀即成。

焦香鲜嫩、回味爽口的蘸水烤鲜菌做法是：将可食用山野菌用特制铁扦串好，下五成热油锅中浸炸1分钟，再放在杠炭火或电炉上烤至熟透；五香料、干辣椒、花椒籽、花生、芝麻一同入锅小火慢慢焙或煸熟，加精盐、味精制成五香辣椒面干碟；折耳根、苦蒜、蒜米切成末，与煳辣椒面、花椒面、精盐、味精、酱油、醋、葱花调成辣椒蘸水。两者一并上桌，根据喜好，直接食用或者蘸食自己喜好的干碟蘸水。

就凭着这几款藏在深闺人未识的民族美食，你还能错过黔西县吗？

品味大方豆制品

　　来过大方的人，也许不知这里曾是大定府驻地，但是一定会知道这里的豆制品有名。

　　大方县城位于黔西北贵毕路和大纳路的交界处，整个县城坐落在一个斜坡上，颇有特色，不知是历史上为了防御，还是其他原因。这里的水质特别适合豆制品的加工和制作，而居住在这里的汉、彝、苗、回等民族同胞不仅继承了豆制品的加工工艺，更是将豆制品演绎得淋漓尽致，制作出了让人们意想不到的美味佳品。

　　走进大方，就好像走进了豆制品博物馆，经营骗鸡点豆腐、母鸡点豆腐、鸡丝豆腐、圆子连渣闹、砂锅豆干鸡的餐馆一家接着一家，他们大多主营单一品种，部分餐馆兼卖糍粑豆干等创新品种，少数地方可以买到干鲜制品带回家慢慢品味，也可以到专卖店和超市、菜市场购买些礼品形式的豆制品。

　　无论你是初次还是再次来到大方，定要去品尝一款佳肴——骟鸡点豆腐。走进县城，不难找到专营骟鸡点豆腐的餐馆，当然也有招牌不是骟鸡点豆腐的酒店和酒楼也会制作，更有店家将其演绎成母鸡点豆腐、鸡丝豆腐等，除了创新，我想也是为了揽客，毕竟在吃过了骟鸡点豆腐后，肯定会去品一品母鸡点豆腐、鸡丝豆腐等，看看到底不同在哪里。

　　说到鲜嫩清香的骟鸡点豆腐，得先说说骟鸡，骟鸡就是阉了的未开叫的公鸡。大方人民在生活实践中发现，点制豆腐不仅仅可以用酸汤卤、胆水卤等，就连鸡肉也能点制豆腐，而且点出的豆腐香鲜细嫩，味美无比。制作时，先将鸡宰杀治净，剔骨去皮，切成5厘米长细丝，鸡皮斩成细粒，葱揉压取汁，姜、蒜剁碎，苦蒜切成3厘米的段，豆豉粑切片；黄豆用40℃温水浸泡12小时，去皮，磨成浆，过滤去渣；豆浆倒入大锅内大火煮沸，撒入鸡丝，改小火，用葱汁点入，凝结后出锅，压榨成型；鸡骨熬汤，净锅上火放油，待油温三成热，放入豆豉粑炸黄，搓压成泥状，放入甜面酱，加辣椒面焙出香味，微火炼出红油，再加入猪肉末、鸡皮粒、盐，放蒜泥翻炒起锅，舀入碗中，放苦椒、味精作为蘸水。将豆腐放入鸡汤煮沸，用蘸水蘸食。母鸡点豆腐和鸡丝豆腐，就是在鸡肉原料和比例上变化而成。

　　再说说鲜嫩清香的圆子连渣闹，其实就是肉圆菜豆花。菜豆花分粗细两种，一种是豆浆不去渣做成的粗菜豆腐，俗称"连渣闹"。另一种是把磨好的豆浆去渣，放在锅内烧开后，投进一些青菜使其结块，就成了平常在菜市场上购买的菜豆腐。连渣闹既可做主食也可做菜肴，当地用其给老人祝寿或招待贵客。肉圆子连渣闹就是在投青菜时，一并加入肉圆子煮，且做成火锅的一种新吃法。制作方法是将瘦猪肉末加精盐、姜米、水淀粉做成肉圆子，苦蒜切成末，黄豆磨浆煮沸，放入鲜肉圆子，改小火，下新鲜蔬菜，凝结后直接上桌，配精盐、酸辣酱、姜、葱、苦蒜、味精制作的蘸水，也可以使用完主料后当火锅煮食其他荤素食材。

最后说说干香味浓的砂锅豆干鸡。砂锅豆干鸡是在干锅鸡的基础上，加入大方沙坝所产的一种豆干，其豆干在当地市场上很多，贵阳等地的担担烤豆腐就是用它制作的。其成品不用熏制，呈白色半干品，切成长宽约为 3 厘米，厚约 0.5 厘米的片状，煮食鲜嫩爽口，烤食外脆内嫩含汤汁。制作砂锅豆干鸡时，在黑砂锅底放上沙坝豆干，上面放糍粑辣椒干锅鸡，再加些小辣椒和野葱等辅味，带火上桌就行了。食用时待鸡肉吃完，豆干就已经入味了，还可以煮食蔬菜和其他荤素食材。

如你是第一次去大方，一定得尝尝以上豆制品，如果再次去大方，就可尝尝以前没吃过的那些品种并以更专业的角度去品味了。

赫章老猪脚火锅

乌江北源六冲河上游的赫章自新石器时代就有人类生息繁衍，战国时为夜郎国辖地，秦时为汉阳县，现居住着汉、彝、苗、白、回、布依等 14 个民族，东邻毕节、纳雍，西连威宁，南接六盘水，北接云南省镇雄、彝良。

赫章是地方优良猪种之一可乐猪的主产地。可乐猪与黔南小香猪齐名，是难得的美味土猪。个头不大、一身皱皮的可乐猪多为放养，吃的是中草药，长的是健美肉，肉味香醇味厚，非一般猪肉可比，用可乐猪熏制的腊肉更是肉中上品。吃过可乐猪，可叹天下无猪矣！可乐猪以善牧养、耐粗饲、适应性强、四肢强健、肌肉发达、肉质优良著称，是地方养殖业的主要饲养品种，也是驰名中外的火腿——云腿（即宣威火腿）的主要原料。

制作老猪脚火锅，要先将老猪脚用火烧至皮起泡，然后用沸水浸泡，用刀刮洗干净，这时老猪脚皮焦黄、微脆，随即用清水浸泡 4～6 小时，然后冷水下锅，在大火上烧沸，转中小火慢慢煨炖至皮脆肉软熟而不烂时，捞出晾凉，去骨，切成厚片，再放在火锅内，垫上当地特产新鲜青菜叶，铺上肉，灌入原汤，带火上桌，配上煳辣椒蘸水蘸食。要是再配上荞麦饭和苞谷饭，就算是一种不同寻常的享受。

当然，这样的美味在黔西北这条美食游线路上的威宁自治县、毕节市等地也能吃到，也许是因为原料的不同，味道有些差异。除了美食之外，在山川秀丽、景色迷人、民族风情浓郁的赫章，还可以游览贵州最高峰。占地千亩的石林与溶洞相连，洞内石钟乳千姿百态，曲径通幽。引人入胜的韭菜坪，每逢民间盛大节日，成千上万的各族群众便来这里举行赛马等活动，大家载歌载舞，欢庆节日。此外，彝族的铃铛舞、敬酒舞、庆荞丰收舞、采杜鹃花舞、月琴舞等舞蹈多姿多彩，苗族的芦笙舞场面壮观，民族服饰精美鲜艳。赫章是一个不可多得的民族风情旅游体验地。

威宁的早餐

经安顺、六盘水一路走来，品尝了安顺奇食、水城烙锅、黑山羊美食后，黔西北美食搜索一行人走进了贵州西大门、黔西北唯一的少数民族自治县——威宁彝族回族苗族自治县。威宁分别与云南彝良、昭通、鲁甸、会泽、宣威和毕节地区赫章、六盘水市水城、钟山等县市区接壤，是云贵川三省的交通要冲，入滇进川，南下两广，十分便利。

威宁餐饮集本地民族餐饮和川滇饮食文化于一体，早餐有威宁小荞粑、清真粉面、黔西羊肉粉、宜宾小吃、过桥米线、荞糊荞点等。清早起来，走出房门，深吸一口草海的清新空气，选择一家自己喜爱的小吃店，来一碗荞糊、辅以两个大饺子状的小荞粑或者是荞酥、荞馒头、荞饼干、荞蛋糕，确实别有一番风味，能享受到这么绿色健康的荞食早餐，真不枉来一趟威宁。

威宁气温相对较低，除了荞食系列，牛羊肉粉面、牛羊肉馍馍均是御寒佳品。在这个多民族聚居的地方，饮食选择多元化，加上交通的便利，逐步形成了自己独特的风味，就说一碗普通的肉末粉，里面加了本地所产的豆瓣酱、麦酱、烧青椒、西红柿炒制的肉末臊子，还要加酸青菜、鲜韭菜、鲜芫荽、葱花等，辅料把主料严严实实地盖在了底下，还别说，味道浓厚而鲜香，别有一番风味。

威宁早餐相当丰富，选择很多，在这么一个不大的县城，各式花样应有尽有，真正能体现威宁早餐特色的还是街边碳烤洋芋。或老阿姨，或年轻妇女，各自带着一个碳炉和背兜，将洋芋在炭火上烤熟，用竹块或铁块将外皮上的灰土刮去，露出金黄色的洋芋。随手挑上一个，只见摊主娴熟地上称一称，然后用刀从中间一分为二，快速往里面撒五香辣椒面，还问上一句，辣椒够么？旁边有人说加辣椒，我却想尝尝一般辣的就行。听说这里的上学族和上班族早上就爱吃这个，路边一站，买上一个适合自己分量的洋芋，边走边吃，省时省心。还别说，在大城市人们热衷于肯德基麦当劳的早餐时，这里的早餐文化已不知开始了多少年头。

威宁荞食

　　高原荞麦有甜荞和苦荞之分，起源于中国，公元前五世纪就是威宁当地栽培的八谷之一，彝族称为"额"，古代亦称作乌麦，子实黑色，磨成面粉供食用，是古代重要的粮食作物和救荒作物之一。荞麦也是懒人作物，常常是将种子撒在地里，不用管它，就等着去收割吧。

　　荞麦生长期短，从种到收一般只有 70 ~ 90 天，早熟品种50 多天即可收获。荞麦播种 3 ~ 5 天就能出苗，并快速地生长发育，封垄后能抑制大多数杂草生长。种荞麦省时省工，在农时安排上，荞麦从耕翻、播种到管理，通常都在其他作物之后，可调节农时，便于安排农业生产，实现低投入高产出的经济效益。荞麦极耐寒瘠，栽培比较简单，可当年多次播种多次收获。

　　荞麦营养丰富，据分析其籽粒含蛋白质9.3%、脂肪2.3%、碳水化合物73%、不溶性纤维6.5%。荞麦粉含18种氨基酸，含9种脂肪酸，其中油酸和亚油酸含量最多，占脂肪酸总量的75%，还含有棕榈酸19%、亚麻酸4.8%等。荞麦还含有钙、磷、铁、铜、锌、硒、硼、碘、镍、钴等矿物质及多种维生素。这些物质在人体的生理代谢中起着重要的作用。中医认为，荞麦性平，味甘，有健脾益气、开胃宽肠、消食化滞的功效，人称"净肠草"，是老弱妇孺皆宜的饮食，对于糖尿病患者更为适宜。经常食用一些荞麦对身体很有好处，但荞麦一次不可食用太多，每餐60克，否则易造成消化不良。脾胃虚寒、消化功能不佳、经常腹泻的人不宜食用。随着现代科学技术的发展、人民生活质量的提高、食物的优质化和多样化，荞麦作为健康食品受到人们的青睐。

荞麦食品是直接利用荞米和荞麦粉加工的。荞米常用来做荞米饭、荞米粥和荞麦片。荞麦粉与其他面粉一样，可制成面条、烙饼、面包、糕点、荞酥、凉粉、血粑和灌肠等民间风味食品。荞麦还可酿酒，酒色清澈。荞叶中的营养也十分丰富，国内外对荞叶的开发和研究正在兴起，有利用干叶制作荞麦茶叶的，也有利用荞麦苗作为蔬菜的。

威宁荞酥的出现至少已有600年历史。据传，明洪武时期，水西女土司奢香代袭其夫蔼翠贵州宣慰使职，是一位深明大义的彝族英雄，维护多民族的团结和国家统一，开辟龙场等九驿，促进边远山区与内地经济文化交流。洪武十七年（公元1384年）赴京入朝，明太祖朱元璋亲自接见她，封为"顺德夫人"，并认作义女。据载，奢香夫人为把威宁特产的苦荞麦粉做成寿糕，上贡给朱元璋祝寿，连续做了七七四十九天都没成功。她的厨师丁成文参与研究，从实践中找到制作关键，制成重约8500克的荞酥，中间有个寿字，周围有九条龙，喻意"九龙捧寿"，明太祖尝后称赞为"南方贵物"。

威宁荞酥历经几代人的继承和发展，在用料、制馅和工艺规格方面皆不断改进和提高。新中国成立后，其规格统一定型为每个重125克，分圆形、扁方形两种。精制礼盒包装分250克、500克和什锦三种。什锦盒内一般装10个，品种分别为威宁火腿、玫瑰、洗沙、水晶、桃仁、冰橘、瓜条、苏麻、椒盐和姜油。

彝族善用荞麦制作荞饭、荞饼、荞酥等食品。在以荞为食的历史长河中，创造了风味独特的民族传统食品。每逢春节，绝大多数居民都要制作荞粑，作为招待贵宾的传统美食。在贵州威宁县城的大街小巷，现已有上百家小吃店或餐馆经营荞粑。到草海旅游的外地人通过品尝荞粑，能改变对荞粑苦涩难咽的偏见，并有助于了解民族风情。

此外还有烙荞饼、荞饼干、荞桃、荞馒头、苦荞糊、荞饭、酸菜荞疙瘩、荞卷等或传统或新潮的荞食。

求味儿 | 第四章

烹饪无止境，美食不尽数。

二十年烹饪生涯，孜孜不倦地寻谱问师，师承于中国黔菜泰斗古德明先生，并不断地学习深造，得到贵州大学教授吴天祥导师的孜孜教诲。

在黔菜发展和改革创新时期，为市州区县旅游局和三星级以上酒店做过培训，研读各类黔菜图书，对贵州部分民族饮食文化进行研究总结，撰写多篇读后感、书评、书序。对有志于、有利于黔菜发展创新的企业和人物也做了感悟型推荐。

这些不也是对求味儿的探索吗？

深山美味土家菜

　　土家族的祖先大约在 2000 多年前就定居在湖南、湖北、四川、贵州和重庆等地交界的武陵山区，通用本民族的语言，但没有文字。土家族自称"毕兹卡"，意为"本地人"，土家族所在地区峰峦交错，溪河纵横，垂直性气候明显，生物资源丰富，品种繁多。经过长期的历史发展，土家族形成了绚丽多彩的文化和独有的风俗习惯。

　　"伐木烧畲，以种五谷，捕鱼猎兽，以供庖厨"，这种烧畲农业与渔猎采集的混合型食物获取方式持续了几千年。土家族同胞完成了从刀耕火种向精耕细作的变革，进入了传统农业阶段。土家族同胞平时每日三餐，闲时一般吃两餐；春夏农忙、劳动强度较大时吃四餐。据说"过早"（即早餐）吃汤圆有五谷丰登、吉祥如意之意。土家族还喜食油茶汤。由古时候的渔猎生活到农耕经济的发展过程，以及地理条件的复杂性、农作物的多样性，影响着土家族的饮食习惯与风俗，构成了土家族独特的饮食文化特色。

俗尚节俭嗜好渔猎

关于武陵山区的地理环境，我们可以从电视剧《武陵山剿匪记》《乌龙山剿匪记》《湘西往事》中了解，艰难困苦的生活条件造就了土家族饮食崇尚俭朴的特点。"鱼盐所出"的夷水流域，"乘土船"捕鱼，赶仗打猎成为攫取食物的重要方式。随着时代的演进，"烧畬度地"的农耕经济逐渐占主导地位，形成以农耕生活为主，兼及渔猎、采集的生活方式。道光版《思南府志》称土家族人"山深地僻，层峦茂林，俗尚节俭"，同治版《来凤县志》称"山谷贫民，不常饭稻，半以苞谷甘薯荞麦为饔食"。《巴东县志》称"农人依山为田，刀耕火种，备历艰辛，地不能任旱涝，虽丰岁不能自给，小则粉蕨根为食"，"士敦朴实，俗尚俭朴，乡人于农隙之后，以猎兽捕鱼为事"。从古至今，土家族喜渔猎，经历了将渔猎之物当作生活主食到成为丰富饮食的副食的转变。

土家族待客礼仪

土家族十分好客，平时粗茶淡饭，若有客至，夏天先敬一碗糯米甜酒，冬天就先吃一碗开水泡米花，然后再以美酒佳肴待客。一般说请客人吃茶是指吃油茶、阴米或汤圆、荷包蛋等。湖南湘西的土家族待客喜用盖碗肉，即以一片特大的肥膘肉盖住碗口，下面装有精肉和排骨。为表示对客人尊敬和真诚，待客的肉要切成大片，酒要用大碗来装。

土家族无论婚丧嫁娶、修房造屋等红白喜事都要置办酒席，一般习惯于每桌九碗、七碗或十一碗菜，但无八碗桌、十碗桌。因为八碗桌被称勺吃花子席，十碗的十与石同音，都被视为对客人不尊重，故回避八和十。土家族置办酒席分水席（有一碗水煮肉，其余均为素菜）、参席（有海味）、酥扣席（有一碗米面或油炸面而成的酥肉）和五品四衬（4个盘子、5个碗，均为荤菜）。入席时座位分辈分老少，上菜先后有序。饮酒的习俗在土家族的节日或待客时必不可少。

土家族节庆饮食

土家族以过四月八、六月六和土家年为主要节日。而节日与饮食又有数不尽的讲究与习俗。不同的节日，饮食品种和方式具有不同的特色。

土家族民间十分注重传统节日，尤其以过年最为隆重，家家户户都要杀年猪，做绿豆锅巴粉、煮米酒或哑酒等，猪肉合菜是土家族民间过年、过节必不可少的大菜。腊肉是土家族的上等大菜。冬至一过，将大块的猪肉用盐、花椒、五香粉腌制好，吊挂在火炕上，下烧柏树枝，烟熏而成。有的人家将腊肉存放两三年。切成块状的腊肉，肉质紧凑，呈殷红色，喷香诱人。逢年过节或亲朋临门，满桌的菜肴中，正上方必摆腊肉。

最隆重的是过土家年，俗称过"赶年"，即赶在汉族过年的前一天进行，大年为腊月二十九，小年为腊月二十八。

正月十五闹元宵，食粉团、汤圆，称之为吃元宵。

三月上巳之辰，摘地菜花，称之为做节气。

四月清明节，上坟挂青。节日这天，一般的家庭都要吃猪脑壳肉，有"清明酒醉，猪脑壳有味"的说法。

四月十八日牛王节这天，传说是牛王菩萨生日，耕牛要放假休息一日，并给牛喂好料，如黄豆等，打扫牛栏，人们还要杀鸡、宰猪，祭祖先。

端午节食角黍（即用竹叶裹粽）、盐蛋，饮菖蒲雄黄酒，小儿辈则以酒涂额。端午节有头、二、三端阳之分。即初五、十五、二十五，以头端午最为隆重，这天一般都要推豆腐包粽子，接出嫁的女儿女婿回家"过端午"。所谓"有心拜年，端午不迟",说明这个节日的重要。过端午节,各家都要采集艾蒿、菖蒲、风藤等悬于门首,用这些草藤烧水洗澡,可以去风湿,治疱疮,因而有"艾叶如旗招百福,菖蒲似剑纳千祥"的联语。喝雄黄酒,给小孩身上抹雄黄,以及绕井宅撒雄黄粉也是端午节的重要民俗事项,因为雄黄有防蚊虫蛇蝎的功效。

六月六晒龙袍,土家人在这天将家里的被子衣服拿出来晒。另外,这天也叫吃新节或尝新节,瓜果谷物有的开始成熟,可以吃了,因此叫作尝新,要用苞谷酒敬神。

八月十五中秋节,以月饼、枣、梨、胡桃相馈送,一家人备酒设肴,陈瓜果饴饼赏月。

九月重阳节,有大重阳小重阳之分,大重阳十九,小重阳初九。重阳节上山拾菌子,即所谓捡重阳菌。

地域特色鲜明

"乡人居高者,恃苞谷为接济主粮;居下者,恃甘薯为接济正粮""收藏甘薯必挖土窖,欲其不露风也",这是说甘薯的保鲜防腐技术,为使窖中甘薯食用如鲜。"收藏苞谷及杂粮,或连穗自悬屋角,欲其露风也。"露风晾干的苞谷杂粮比放在屋内炕上烘干的食用起来香醇得多。高山乡里用苞谷熬糖,和用苞谷、鲜谷炒制的米花制作成"糖苞谷托"和"鲜谷饼"，加上核桃、板栗、葵花（向日葵）等，成为高山地区特有的点心。无稻谷的高山地区将苞谷泡涨，用石磨磨成"苞谷米"，作为节日食用和待客的佳品。山下人家用糯米做米酒，又称醪糟，用糖和芝麻做饼以及柿子晒晾的饼成为特有的点心。城里人家用芝麻、阴米和糖制作成各式各样的糕点糖食。

地域性还表现为丰富多彩的风味菜肴。土家族在长期的日常生活中，根据本地的物产，造就出许许多多独具地方风味的菜肴佳品，素净而味美。如来凤、咸丰等地，"土人以油炸黄豆、苞谷、米花、芝麻诸物，取水和油，煮茶叶作汤泡之，飨客致敬，名曰油茶"，"妇女摘绿橙切片，镂成百花，蜜渍晒干，曰橙花。挑剔玲珑，香味俱绝"。蔬菜制作分酸、辣、干三大类。酸菜坛子泡有大蒜、辣椒、豇豆等。春天的青菜，秋天的白菜、萝卜，做成酸菜，一吃数月，酸菜在喜宴上也有它的席位。"邑人每食不离辣子，盖从岩幽谷中，水泉冷冽，非辛热不足以温胃和脾也。"家家都种辣椒，餐餐都有辣味，无辣不成菜，无人不喜辣。辣椒晾干切细，作为必不可少的佐料，鲜红辣椒磨细成"稀广椒"。将青白菜、萝卜、豆类、瓜果类晾晒制成干菜，备以过冬成为传统。合渣、面饭、鲊广椒、糍粑、社饭、土腊肉、酸菜坛子构成土家族独具特色的饮食。"三罐一老酒，泡菜土腊肉，盐菜，鲊广椒，合渣懒豆腐"的土家菜肴，风味别致。

土家族十分重视饮食习惯与养生保健的关系。冬春之际，喜吃炉子菜（火锅），无论荤素，这样可以温中元，驱寒气，有防病延年的功效；在凉拌食品中加酒滴，以健肚肠；冬令时节喜食狗肉，以补肾壮阳；平日喜饮米酒，以解渴爽心，生津养神，驱寒健体。土家族人善于利用食物的冷热偏性来调节人体气血精的内外平衡，寒体寒病忌食生冷食物，热体热病忌食大热大辛，火旺便结宜服蜂糖、核桃以润肠滑便；吃鱼腥草，有利尿消炎之功；喜用花椒叶、柑橘树叶、辣椒等作佐料煮菜，起到增加香味和开胃助消化的作用。

土家茶酒无处不有

茶文化是土家族饮食文化的重要组成部分。土家族地区盛产茶叶，而且加工制作技术精细，历史悠久，是馈赠亲友的上等礼品。茶也是家常饮料，成为生活的必需品，且有独特的饮用法。"客来不办苞谷饭，请到家中喝油茶。""三天不喝油茶汤，头昏眼花心发慌。"无论传统的油茶汤、迷人风味的四道茶、家家备用的罐罐茶还是大盆凉茶，都是土家族日常饮用及婚宴、祝寿、新屋落成、宾宴等场合酒余饭后的好饮料。

"南山峡峡西八十里有巴乡村，善酿酒，故俗称巴乡村酒也。"土家族继承了巴人优良的酿酒技艺，并加以发展。土家人爱喝的有苞谷酒、咂酒、糯米酒等。酒渗透于土家族人民整个生产生活活动中，它与土家人民的宗教信仰、民族性格、民风民俗结下了不解之缘。酒是祭祀的必备品，酒与节令密不可分，无酒不成节。土家族月月都有节日，正月有春酒；二月有社酒；三月有祭山酒；四月有牛王生日酒；五月有端阳酒……八月有送瓜酒，九月有登高酒……腊月还有除夕酒。土家人从降生即与酒结缘，酒伴随土家人的一生。接亲时，男方送一坛酒到女方家，待生小孩后，由娘家用这坛子装上甜酒送去，俗称"今天吃火酒，明年吃甜酒"。小孩出生后要办酒席，叫"祝米酒"。满一个月时要办"满月酒"，满周岁时要办"抓周酒"。红白喜事也必备酒。土家族长期生活在大山中，与外界接触极少，但内部却交往甚密，谁家有婚丧嫁娶、修房造屋、栽秧割谷等事邻里都主动帮忙。主人对帮忙者的热情招待自然离不开土家人嗜爱的酒。老年人过生日，办的酒席叫"生期酒"。老年人过世，要举行跳丧活动，歌舞相伴，边唱边饮酒吃黄豆，叫"喝黄豆酒"。"家有亲丧，乡邻来吊，至夜不去，曰伴亡，于柩旁击鼓，昀鼓互唱俚歌哀词曰丧鼓歌，丧家酬以酒馔。"此外，修房有"上梁酒"，木船下水有"启驾酒"，农事活动中有"栽秧酒""薅草酒""打谷酒"。土家人有事必有酒，事事不离酒，时时事事充满浓浓的酒味。酒在土家人的生活中无处不在，无时不有。土家族丰富了酒文化，酒文化又折射出土家族勇敢、豪放、乐观的民族个性。

深山美味土家佳肴

土家族菜肴以酸辣为其主要特点。民间家家都有酸菜缸，用以腌泡酸菜，几乎餐餐不离酸菜，酸辣椒炒肉视为美味，辣椒不仅是一种菜肴，也是每餐不离的调味品。豆制品也很常见，如豆腐、豆豉、豆叶皮、豆腐乳等。尤其喜食合渣，即将黄豆磨细，浆渣不分，煮沸澄清，加菜叶煮熟即可食用。民间常把豆饭、苞谷饭加合渣汤一起食用。有"辣椒当盐，合渣过年"的民谚。

糯米糍粑是土家族民间最受欢迎的食品之一。农历二月初二称为社日，要吃社饭，端阳节吃粽子，重阳节打糍粑，女儿"坐月"送糍粑，修房上梁抛糍粑，节日里馈赠亲友，一般也都是互送糍粑。除糯米糍粑外，还有高粱糍粑、小米糍粑、苞谷糍粑等。做糍粑时，先将糯米浸泡、蒸熟，然后捣烂、压成圆形，风干几日，泡在坛中半月换一次水，经久不坏。吃糍粑时用文火烤熟，蘸上芝麻糖粉或酱豆腐，此外团馓、腊肉、油茶汤也是土家族风味独特的食品。

神秘的仡佬族菜

　　仡佬族是贵州最古老的民族之一。仡佬族人约98%聚居在贵州与四川交界处的黔北道真和务川仡佬族苗族自治县，以及附近的正安、绥阳、遵义等县和仁怀市，其余居住在贵阳市、六盘水市、安顺市、黔西南苗族布依族自治州和铜仁地区、毕节地区等，少数散居于云南省和广西壮族自治区。

　　仡佬族在商周至西汉称"百濮"或"濮"；东汉至南北朝称"僚"或"夷僚"；隋唐以后称"仡僚""葛僚""仡佬"，中华人民共和国成立以后，正式定名为仡佬族。聚居地多呈点状分布在其他各民族生活区域之间。而各地的仡佬族人在与周围其他民族的共同生活中，通过互相影响互相学习，其生活习俗、饮食服饰等方方面面也发生着不同程度的变化。除民族习俗外，民族语言基本消失，但饮食仍保留着本民族的特色。

竹筒装米祭祖求丰收

仡佬族至今仍广泛流传着竹王的传说。仡佬族称竹子为"仡佬"，仡佬族崇敬竹子的习俗早在1600多年前成书的《华阳国志·南中志》和1500多年前成书的《后汉书·西南夷列传》中都有记载。传说在古夜郎国，有一女子在遁水（今贵州西部北盘江）洗涤，有一段三节长的大竹筒漂流到女子两足之间，推之不肯漂走。她听到筒中有小孩的哭声，剖开竹筒，见一男婴，抱回养大，文武双全，自立为夜郎侯，以竹为姓。在抛弃破竹筒的地方，生长出茂盛的竹林，后人建竹王祠祀奉。如今，道真仡佬族苗族自治县梅家寨的仡佬族，在生下第一个男孩时，父母要将其胎盘和一些鸡蛋壳埋入竹林地下，以祈求得到竹王护佑。春节，家家户户要到竹林去供献竹王钱，也有不少地方以竹筒装米祭祖或求丰收。

年节喂树祈祝丰年

仡佬族要过两个年节，春节和仡佬年，农历三月初三是仡佬年，且年节时有"喂树"的习俗。"喂树"又称"祭树"或"拜树"。如广西隆林的仡佬族，在农历正月十四日中午，各家备好米酒、猪肉、鲜鱼、糯米饭等供品，带着红纸鞭炮，与亲友相约上山拜树。见树后先鸣鞭炮，然后选择高大粗壮的古树烧纸焚香跪拜。拜毕给树"喂"祭品：一人执刀在树皮上砍3个口子，另一个"喂"些肉饭酒于刀口中，最后用红纸把刀口封住，给树除草培土。"喂"饭时针对不同的树，要对答不同的词。如对果树要说："喂你饭，结串串；喂你肉，结坨坨"，表示预祝果实累累。"喂"树之后，人们欢聚宴饮。有些地区在农历八月十五也捧着牛心和新米饭祭拜寨旁的神树"菩萨树"，祈祝丰年。

吃下虫虫才解恨

农历六月初二，是仡佬族的"吃虫节"。这一天，家家饭桌上都摆着几盘别有风味的菜——油炸蝗虫、腌酸蚂蚱、甜炒蝶蛹、烧炒蚜米泥鳅等，意味着避免虫虫干扰粮食的丰收。

摘谷宰牛会餐吃新节

农作物初熟，是仡佬族吃新季节，吃新节的时间，各地都不一样。吃新节前，男女盛装到村寨附近田埂上摘稻谷、毛穗，次日将谷、穗舂为米粒，并集体宰牛一头。第三日清晨以新米粒蒸饭，连同煮熟的牛肉一并祭祖，恫怀先祖开荒辟土之功。祭毕，大家一起分享祀物。所余牛肉各户均分带回，于第四日将其与新米饭一起置于反扣的簸箕上，用手抓取供各自祖先后，再全家食用。有的地方用六吊谷穗挂在灶角的吊板两边，板上垫着糯谷草，草上放直径约为一尺半的大糯米粑及若干小粑，将用粑捏成的谷仓放板左，用粑捏成的犁、耙、牛等放板右，大粑上摆碗、筷、酒杯，按辈分烧香、跪拜，由家长念请各位祖先来吃新米饭，保佑全家平安。有的地方的吃新活动是三天。头天下午，各家将谷各家祭食；次日下午全寨集中下田采谷，大家分工动手将新谷焙干舂为米，磨豆腐，宰牛，于寨内坝子中祭谷神后集体食用；第三日下午用剩余食物再会餐一次。吃新节所用谷物，大多数是从自己耕种的田地里采来的。

有趣的婚俗饮食

仡佬族姑娘出嫁前的三五天便开始"哭嫁"。哭嫁涉及日常生活内容，年龄相仿的妇女或姑娘还要"还哭"。新郎不娶亲，婚期前一日派轿夫在天黑前到女家。进门前，女方有专人主持"拦门礼"，要行敬酒、铺毡、恭候等礼数，每道程序都有传统的对答礼词，必须唱得合乎规矩，否则要遭哄笑。轿夫要能喝酒，或者要有人能替喝。黔西北的仡佬族，婚礼更有趣。新郎骑马去迎亲，有4个伴郎相陪，其中2人扛着竹扫帚，另2人抬着酒肉礼物。途中有女方派出的几个壮汉拦路"抢劫"，以"抢"表示女家富有，不稀罕你这点礼品。新郎到了女方寨门，有一群人手执木片围"打"新郎，男方执竹扫帚要全力保护突围。新郎跑进女方家门，马上有"敬亲酒"招待，而且新郎与新娘也相互敬酒。敬酒毕，新郎将新娘抱上马背，新郎执缰引路而归。

隆重的三台婚礼宴席

隆重的婚礼宴席分二台或三台，即要连续吃二三道不同的席。第一台是茶席，只吃茶、油炸食品及干鲜果品。第二台是酒席，要喝白酒，吃各种凉拌拼盘。第三台是正席，除必有的两碗扣肉外，还得有各种烹炒的民族风味菜。

婚宴中，仡佬族还用咂酒招待客人。咂酒是将酒酿好后密封于外抹柴灰拌黄泥的坛中，再插上两根竹管，一弯一直，竹节没有完全打通。饮用时打通竹节，直管进气，弯管咂吸而饮，饮酒时有专门唱"打闹歌"的歌手助兴，使客人感到尽兴。

仡佬族菜

聚族而居于溪沟河岸的仡佬族一般以大米、苞谷混食，兼以豆薯杂粮。玉米粉放在蒸笼里蒸熟，叫作玉米干饭，是餐桌上的主食。如果在节日里或是有远客临门，他们就在玉米面里加上相等的白米蒸熟，称为"混合饭"。为了祛湿取暖，仡佬族人每餐都少不了一锅辣椒汤。仡佬族人的辣椒有多种吃法，如辣椒粥、霉豆腐辣椒、豆辣椒等，不过，最受他们喜爱的要算骨粉与辣椒加工腌制而成的辣椒骨。他们还喜食香油茶、苞谷花，尤喜食辣味食品、豆腐、糯食和甜酒（醪糟）、火酒（烧酒）。代表菜点有道真香油茶、务川荞灰豆腐果、仡佬族灰团粑。

侗家风情侗家菜

侗族是一个古老的民族，古代称为"千越"，分布于黔湘鄂桂毗连的地区。贵州侗族约 160 多万人，占全国侗族人口的 55%。侗家人民在漫长历史长河中，为了生存和发展，依山傍水建造了山寨、鼓楼和风雨桥，他们以族姓聚寨而居，整个民族的历史和文化，由他们的歌声和饮食世代相传。

"饭养人，歌养心""侗不离鱼，侗不离酸"。侗族饮食文化和鼓楼、花桥，侗族大歌一样，是侗族古老文明中的又一璀璨明珠。侗家菜也真正体现了黔菜"千滋百味，野趣天然"的辣香、异酸特点。如今，不仅在凯里及榕江、从江、黎平等地侗寨能品尝到侗族美食，在贵阳侗家食府及大部落等民族菜馆也能品尝地道侗菜，感受侗乡风情，听侗族大歌，观侗家舞蹈。

侗家的茶、酒

侗家的"吃饭",其中不仅包括"菜",有时还包括"酒"和"茶",可算是侗家的一大特色。"茶"有可以充饥的小吃食品茶——侗乡油茶;有鲜茶、加工茶及各类野生茶,如苦丁茶、甜茶、骨节茶、青茶、藤茶、楠木茶等冲熬的饮料茶。"酒"以家酿酒为普遍,逢年过节,农忙婚嫁时酿造的糯米酒、粳米酒、糯米粳米酒、苞谷酒、小麦酒、红薯酒、洋芋酒等,还有当地称为"苦酒""醪糟酒""甜米酒"的未酿烧的饮料酒。

侗家饮食的加工方法

侗族饮食加工制作方法除与汉族和其他地区相似的常规方法外,还有许多特殊的加工方法,如具有特殊作用和保存性质的深加工。

鼎罐饭,即用鼎罐在支起的三角架上将食材焖烤至熟,食材多为粳米。糯米常蒸熟后离甑入饭包(侗语称为"钵",用巨大的老白瓜制作)保存,可较长时间保存和便于外出劳作食用。杂粮除在缺粮地区或十月充当主食外,还制作面团粑、杂粮饭、甜酒酿、苞谷粑、杂粮油茶等。

鸡鸭肉鱼除炖炒外,还有合炖合炒的一锅香、腌品、腊品、干品。腌肉、腌鱼、腊肉、腊肠是其代表。蔬菜加工较简单，煮煮加盐加猪油吃，或腌、泡、干、生吃等。

腌制是侗家菜加工制作储存最常见的方法，也是侗家饮食文化主要的特征之一，突出了"嗜酸"的侗族饮食特色。腌肉、腌鸭、腌鱼、腌青菜、腌萝卜、腌竹笋、腌蕨菜、腌豆腐干等应有尽有，家家必备。

烹鱼也是侗家的绝技。家常便饭、年节祭祀、请客送礼，都离不开鱼。除煎、蒸、煮之外，腌鱼、鱼生、烧鱼、冻鱼、坑鱼等均有独妙之法，也是"古越人"从春秋战国时起流传几千年的饮食习俗。

侗家饮食习俗

侗家古老的餐制分为早茶、早餐、中餐、晚餐四餐制（湖南通道部分地区仍保留），现多为早、中、晚三餐制。

侗家日常生活较为简单，饮食结构单调——大米饭、酸菜、鲜蔬，但在节日喜庆或有客人来访时较为隆重。以饮食方式和食物种类相应地体现出各种节日喜庆的礼仪习俗。

年节饮食习俗包括："正月半"，吃大年三十晚留下来的菜肴。"二月二祭桥",用糯米做成坨坨粑,吃腊肉。这天传说是菩萨的生日,有的地方吃豆腐。"三月三",吃糯米甜藤粑,打油茶。"四月八",吃乌米饭和猪肉,这天传说是牛的生日,忌食牛肉。"五月端午",吃粽粑、猪肉,喝黄酒。"六月六"是尝新节,尝新米,做不放盐的大锅菜,以鱼祭祖,以吃鱼为主。"七月十五"是鬼节,主要吃糯米圆子和猪肉,杀鸭。"九月九"重阳节,黔东南州北部侗族地区吃糯米糍粑,杀猪、杀鸭、杀牛。"十一月初四",黔东南州南部侗族部分人"吃冬",主要吃猪肉和冻鱼。"牯藏节",主要吃牛肉。"秋收节",主要吃烧鱼……

"陪得上":即红白喜事酒席尽量摆肉食,越多越显阔,肉食不掺蔬菜,切成大坨大块。男女分桌,主人领饮,或派人陪喝,但必须得先将客人喝醉,方称"陪得上",否则换人,也正体现了侗家"酒重于肉"的说法。

"酸宴":侗家节日宴请多以鲜肉为主,平时宴客多用酸宴,席上所有菜肴都是腌制品,有荤有素。酸猪肉、酸鱼、酸鸡、酸鸭、酸鹅、酸雀肉、酸青菜、酸豇豆、酸辣椒、酸姜块、酸黄瓜、酸萝卜等皆美味可口,诱人食欲。

"泡汤":平时或过年过节,谁家杀猪都要请邻里乡亲和族中兄弟来尝尝,吃"泡汤"。做法是将后臀肉、猪肝、小肠、血旺切片同锅煮（多少根据人数定），意为整个猪从里到外都吃到了。需围锅坐，边喝酒边夹肉，不得装碗盛盘，意为团团圆圆，和和气气。

"合拢饭"：是侗族好客的集中表现。一个家族来了客人，家家派一人带上最好的菜肴、美酒、糯米饭一起陪客，长辈致欢迎词，要喝"转转酒""挨杯酒"，吃"转转菜"。湖南通道和广西三江、龙胜一带，侗家大型宴席均喜欢摆长席，即用板子连桌，两边坐人，另设公共菜肴汤饭，意为同喜同贺。

侗族人的饮食禁忌

丧葬期间，未出殡前本寨老幼忌荤吃素，但可以吃鱼虾。丧者亲属一月内忌荤（鱼虾除外），且不可外出远门或借钱借米。新生婴儿忌食肉，一岁始解禁。部分地区忌食龟、蛇、猫、狗。

高原绿色彝族菜

"荞饭羊肉两相宜，荞在高山种，羊在高山放；麦（指大麦）饭鸡肉两相宜，麦在园地种，鸡在园地放；米饭猪肉两相宜，稻在水田种，猪在沼地放"。彝族地区至今仍将荞饭羊肉、麦饭鸡肉、米饭猪肉分别作为高山、平原、沟坝地区具有代表性的配餐方式。"只要会吃（实指会烹制），杉树芽子也做成菜肴吃"。他们因食（食物）施味，使用专用调料，更重食料配制丰富滋味，擅长使用名贵调料木姜子，并懂得餐具美则膳食香，这些都说明彝族菜对民族菜的促进和对民族饮食文化的影响。

彝族

彝族是我国具有悠久历史和古老文化的民族之一，有诺苏、纳苏、罗武、米撒泼、撒尼、阿西等不同自称，主要分布在祖国西南高原地区的云南、四川、贵州三省和广西壮族自治区的西北部。其分布形式是大分散，小聚居，主要聚居区有四川凉山彝族自治州、云南楚雄彝族自治州和红河哈尼族彝族自治州、贵州毕节地区和六盘水市。

彝族饮食

大多数彝族人习惯日食三餐，以杂粮面、米为主食。金沙江、安宁河、大渡河流域的彝族，早餐多为疙瘩饭。午餐以粑粑作为主食，备有酒菜。在所有粑粑中，以荞麦面做的粑粑最富有特色。据说荞面粑粑有消食、化积、止汗、消炎的功效，并可以久存不变质。贵州威宁荞酥已成为当地久负盛名的传统小吃。

肉食以猪、羊、牛肉为主，主要是做成"坨坨肉"、牛汤锅、羊汤锅，或烤羊、烤小猪。狩猎所获取的鹿、熊、岩羊、野猪等也是日常肉类的补充。

山地还盛产蘑菇、木耳、核桃，加上菜园生产的蔬菜，使得蔬菜的来源十分广泛。除鲜吃外，大部分都要做成酸菜，酸菜分干酸菜和泡酸菜两种，另一种名为"多拉巴"的菜也是民间最常见的菜肴。

彝族日常饮料有酒、茶，并以酒待客，民间有"汉人贵茶，彝家贵酒"之说。饮茶之习在老年人中比较普遍，以烤茶为主，彝族饮茶每次只斟浅浅的半杯，徐徐而饮。

彝族常吃的典型食品有：风味主食荞、麦、苞谷系列，坨坨肉、烧烤肉、白水煮乳猪、肉汤锅、杂粮粉蒸鸡、酸菜干鱼汤、干煸猪肺、冻（腌、腊、阴干）肉、猪血炒豆腐、野菜汤干拌水拌菜及酥点、火腿、炒米茶。

彝族饮食文化

待客：打牛羊

彝族民间素有"打羊""打牛"迎宾待客之习。凡有客至，必杀牲待客，并根据来客的身份、亲疏程度分别以牛、羊、猪、鸡等相待。在杀牲之前，要把活牲牵到客前，请客人过目后宰杀，以表示对客人的敬重。酒是敬客的见面礼，在凉山只要客人进屋，主人必先以酒敬客，然后再制作各种菜肴。待客的饭菜以猪膘肥厚大为体面，吃饭中间，主妇要时时关注客人碗里的饭，未待客人吃光就要随时添加，以表示待客的至诚。吃饭时，长辈坐上方，小辈依次围坐在两旁和下方，并为长辈添饭、挟菜、泡汤。

宴请：婚宴猪鸡丧宴羊

彝族婚宴多用猪肉、鸡肉，丧事用羊肉。滇南石屏彝族有

178

在出嫁前邀请男女伙伴聚餐痛饮之习。滇西的彝族，凡娶亲嫁女，都要在庭院或坝子，用树枝搭"青棚"，供客人饮酒、吸烟、吃饭、闲坐。

食俗：跳菜

彝族人民喜食"坨坨肉"，爱饮"杆杆酒"，与舞蹈和音乐一样，独具特色。如歌舞伴餐"跳菜"，即近几年流行的餐饮形式——跳着舞蹈上菜。它原是云南无量山、哀牢山彝族民间一种独特的上菜形式和宴宾时的最高礼仪，是舞蹈、音乐与杂技完美结合的饮食文化形式。

宴宾时，通常用方桌沿两侧一溜摆开，宾客围坐三方，中间留出一条"跳菜"通道。三声大锣拉开"跳菜"序幕：大锣、芦笙、三弦、闷笛等民乐齐奏；在姑娘小伙"呜哇哩——噻噻"的吆喝声中，只见顶着托盘的彝家男子双手拱揖，脚步忽高忽低，忽急忽缓，另一个人头顶和双臂各撑一菜盘（共24碗）紧随其后入场。他们合着古朴的民乐协奏曲，脸上作着丰富的滑稽表情，跳着歪来复去而又轻松优美、流畅连贯的舞步，一前一后登场。两位手舞毛巾的搭档，则形如彩蝶戏花般忽前、忽后、忽左、忽右地为其保驾护航。

一对托菜手要上菜四桌，搭档把32碗菜摆成回宫八卦阵，每碗菜都像一粒"棋子"，自有定位，全按古已有之的规矩逐一落桌，丝毫不乱。

其他：歌舞中的饮食

彝族人民能歌善舞。彝族民间有各种各样的传统曲调、舞蹈、歌唱、器乐的演奏，但往往和饮食是分不开的，诸如产生于生产劳动中的爬山调、进门调、迎客调、吃酒调、娶亲调和荞子舞、苞谷舞、织毡舞等，大多是模拟生活、劳动动作和表现生产过程，表现生活的情趣、丰收的欢乐、耕牧的勤劳、征战的勇敢和对爱情的追求。

宜忌：各地不同

大、小凉山及大部分彝族禁食狗肉，不食马肉及蛙蛇之类的肉。彝族喜食酸、辣，嗜酒，有以酒待客的礼节。酒为迎接贵客、结交朋友、婚丧嫁娶等各种场合中必不可少之物。

趣话贵州菜之最

贵州山川秀丽，物产丰富，民族众多，饮食文化源远流长，异彩纷呈。贵州的民族民间菜不仅充分利用当地的特产，而且还深深地打上了民族饮食文化的烙印。贵州菜独具风味，受到各地食客的喜爱。近年来，贵州烹饪界、文化界经过挖掘、整理、研究、创新，打造出一系列地方风味菜肴。我结合多年来的烹饪、管理经验，特地总结了一批贵州菜之"最"。

"最怪"的菜——辣椒炒辣椒

俗话说："贵州一怪，辣椒是菜。"在贵州各地，不仅有数不胜数的系列辣椒菜（干辣椒系列、糍粑辣椒系列、糟辣椒系列、煳辣椒面系列、青辣椒系列、腌辣椒系列、阴辣椒系列、野山椒系列），还有辣出特色、辣出品位的辣椒炒辣椒，即多种辣椒炒一锅。不仅众多家庭会做，人人爱吃，而且早就进入餐厅酒楼，甚至星级酒店，成为贵州独特的一道怪异菜，炒三椒即为其中的一款。

"最乱"的菜——怪噜菜、随便菜

店主：小姐、先生请坐，来点什么菜？

顾客：随便随便。

店主：那就来几个"炒随便""拌怪噜"。

在贵州有些地方菜没有适当的称谓，人们便随意地称为怪噜菜。即将多种主料、辅料、调料不按常规混在一起拌、炒、烧、炖制作出来，如怪噜花生、怪噜鸡丝、怪噜回锅肉、怪噜红烧肉等。还有炒随便（将各种时令蔬菜或肉类在同一锅中加调料随便炒制，只要味道醇正可口即可）、煮随便、炖随便、烧随便等。这些菜显得杂乱无章，但可口开胃，堪称一绝。

"最烫"的菜——花溪清汤鹅

民间有句谚语："鹅汤不冒气，烫死傻女婿。"贵阳花溪清汤鹅火锅即是传说中的鹅汤。由于鹅汤油厚，不见冒热气，如果端上就喝，入口烫嘴烫心，会忍不住喷口湿襟，闹成笑话。奉劝还没有品尝过花溪清汤鹅的朋友一定要小心取用，或食用前先搅拌几下，撇开浮油再试试看。

"最凉、最苦"的菜——鸡蛋炒苦瓜

"哑巴吃黄连，有苦说不出"。黄连是药，而夏季之佳品苦瓜性味苦寒，能消暑涤热、明目解毒。苦瓜又名癞葡萄、红

姑娘、凉瓜、菩达、红羊等，用来凉拌、热炒、炖、烧、蒸、酿各种菜式，味道凉爽、苦寒，让人回味无穷。特别是鸡蛋炒苦瓜，又凉又苦，色鲜味美。

"最甜"的菜——橙汁藕片

"红萝卜，蜜蜜甜，看到看到要过年"。一首童谣勾起几多回忆。但红萝卜却没那么甜，推荐一道流行、简单、时尚的甜菜，不仅味甜心也甜，用鲜橙汁加糖浸泡藕片，脆脆爽，甜蜜蜜。

"最酸"的菜——盐酸菜

"三天不食酸，走路打蹿蹿。"这是流传于贵州民间的谚语。贵州人嗜酸，酸过了头才够劲。除酸菜、酸汤、腌菜、赤水晒醋、青岩双花醋、遵义麸醋外。最具酸味特色的要数独山县布依族的盐酸菜。不仅酸过了头，还有蒜和辣椒的辣酸味，真是酸、酸、酸！

"最辣"的菜——辣椒炒辣菜

在贵州，人们认为一种辣不算辣，复合辣才痛快。这辣椒炒辣菜，辣菜辣头阵，辣椒辣出眼泪，最后还有大蒜的辣味加入。正印证了"大蒜辣心，辣椒辣口"的俗语。

"最淡"的菜——素瓜豆

小瓜与棒豆同产于夏季，加清水煮过即食，不加任何调辅料，解暑凉心，爽口开胃。若要加上调辅料反而不鲜美了。

"最土"的菜——米汤煮酸菜

如今城市饭菜吃腻了，下乡去尝尝鲜，亦为"返璞归真"。那乡村纯朴人家多会煮米汤酸菜给您吃，土得掉渣又酸得无比纯粹，值得下乡去尝尝。

"最新"的菜——酸菜炒汤圆

汤圆是中国的传统节日食品，多煮食，亦可炸食，但用来炒食可算是新潮了，再加入干辣椒段和苗家酸菜，味道和口感实属新新一类。

"最老"的菜——土八大碗

明清时黔人即以"土八大碗"待客，八碗菜各有不同的做法，乡土气息极浓。俗语说："八碗菜，八人吃，人人平安，四面八方，一年四季，万事如意。"

"最野"的菜——折耳根拌蕨菜

折耳根、蕨菜在贵州数十种野菜中最具有代表性。将两者合拌，野味突出，清香爽口，野味留香，回味无穷。

变化"最多"的菜——回锅肉

被誉为川菜第一菜的回锅肉，长期流行于川渝。贵州的回锅肉也不逊色，做法多样，味型也多，且不用豆瓣酱作调料，品种有糟辣回锅肉、干椒豆豉回锅肉、泡椒回锅肉，泡菜回锅肉、糍粑辣椒回锅肉、夹沙回锅肉、脆皮回锅肉、金香回锅肉、酢海椒回锅肉、腌菜回锅肉等十几种，各种辅料如蒜苗、香葱、芹菜、青红椒、折耳根、蕨菜、莲花白等，回锅肉里应有尽有。

流传"最广"的菜——苗族酸汤鱼

在贵州之外，一提起酸汤鱼，似乎天南海北都知道：不就是贵州凯里的苗族风味酸汤鱼吗？现在正流行酸汤鱼火锅呢。其实啊，酸汤鱼不仅苗家有，侗家、水家也有，且风格不同，风味各异。当然，要正宗，还得去凯里、都匀的农家，在这些地方你可以吃到正宗的酸汤鱼，一饱口福。

"最中听"的菜——金钩挂玉牌

一道极为普通的豆芽煮豆腐名为金钩挂玉牌，真够雅的。这美名据说是一秀才中举后考官问令尊令堂何干时，答曰："父，肩挑金钩玉牌沿街走；母，在家两袖清风挽转乾坤献琼浆。"后来人们就将豆芽煮豆腐称为金钩挂玉牌，现已成为贵州民间最喜欢的传统菜之一。

"最美丽"的菜——葱穿排骨

谁都知道，自然界千千万万的植物均按不同季节开花结果，可我们聪慧的黔厨却让排骨开出朵朵小白花来。将特制的糖醋排骨脱骨，穿过一根大白葱头，两端用刀划开自然绽开成形。

其形状之悦目，味道鲜嫩甘香，让人食欲大开。

"最怕吃"的菜——凉拌鸡血

贵州辣子鸡为一绝，凉拌鸡血更是绝上加绝。将鸡血凝固后用刀划成大块，撒上煳辣椒面等调料食之，血嫩而味酸辣，入口凉滑鲜香，顺喉而下，感觉极好。但看起来血淋淋的，就看您有没有胆量去吃了。

"最形象"的菜——刷把头

刷把头，又名烧卖，因形似刷锅用的刷把而得名，乍一看，还真像一把短短的小刷把。对了，贵州的刷把头有别于其他地方的烧卖，里边还包有贵州民族嗜食的糯米饭。

"最好吃"的菜——烧烤

烧烤，各地均有，大多是来自大西北的烤羊肉串之类，贵州烧烤可有趣了，老板提供设施、食材和调味料，食客自烤自食，想生就生、想熟则熟，要辣不辣都没人管您。

"最有趣"的菜——丝娃娃

丝娃娃，形如襁褓中的婴儿。自己动手，用春卷皮卷各种蔬菜丝加调料食之，又辣又酸又香，越吃越爽。现又出现一种冬天时卖的，用热鸡汤兑成蘸水的热汤丝娃娃。

"最有人情味"的菜——恋爱豆腐果

到了贵州，不吃恋爱豆腐果就算没去过贵州。在贵州街头最多的要数烤恋爱豆腐果的摊子。据传在抗战时期，退守到大后方贵阳的人们发现这种烤豆腐别有风味，于是越来越多的青年男女常去吃烤豆腐果，联络感情，最后不少人还结为夫妻。于是，想谈恋爱就去吃豆腐果，恋爱豆腐果的名字就流传开来。

"最不讲理"的菜——米豆腐，魔芋豆腐

豆腐，人们都知道是用黄豆加工成豆浆，然后点制成的高蛋白、易于吸收的豆制品之一。而用米、魔芋制成的形如豆腐实为凉粉，但又经得起煮的食物居然也要叫豆腐，真是不讲理！

"最不划算"的菜——宫保鸡丁

宫保鸡丁是贵州人丁宝桢在家乡时最爱吃的贵州菜，后来丁宝桢先后到山东和四川做官时，家厨把这道菜也带到鲁、川，通过家宴，这道菜被传到鲁、川民间和饭馆，时间一长，这两地都以为这道菜是自己的传统菜，四川甚至把它评为四川名菜。您说发明这道菜的贵州厨师划不划算？

梵天净土黔东菜香

政协铜仁市委员会编写的铜仁文化旅游丛书之《铜仁百味》，由贵州人民出版社出版发行。作为黔菜人和特邀审稿人，再次一口气读完书中收录的《食在贵州味美铜仁》《传统经典 100 佳肴》和《百变家常琳琅满目》等文章。书中 342 道美食，按照凉菜、炒菜、烧菜、汤菜、蒸菜、火锅、素斋、风味小吃为序列，从主料、辅料、调料、制作过程和特点、技术要领与典故传说、小贴士，分步进行详细描述，一目了然。菜肴的制作人、所属企业和图文作者详尽记载，尤其是附录中，刊载了铜仁黔菜先行者 3 人，中国烹饪大师 16 人，贵州烹饪大师 15 人，贵州烹饪名师 20 人，真实记录和表现出《铜仁百味》中的底蕴与实力。

铜仁位于贵州省东北部，界连湘渝，聚居着汉族、土家族、苗族、侗族、仡佬族等 29 个民族。铜仁有一座山，名梵净山，方圆 500 多平方千米，是中国第五大佛教名山。又有环穿而过的乌江、锦江等丰富的水资源，形成了得天独厚的自然条件，为生态美食提供了丰富而绿色的原料。梵天净土，蕴藏着黔东饮食文化瑰宝，造就了铜仁百花齐放的精美菜肴。

回顾历史，早期铜仁的土司制度，名义上是中央政府管辖，实际上是土司官独立掌控，政治、经济、文化自成体系。饮食风俗与中原迥别，盛行土司菜、少数民族菜和寺院菜。直到明永乐十一年（1413 年）废除思州、思南二宣慰司，建制贵州省，全国各地的官员、军队、商贩、流民，由四面八方来到铜仁，各地的饮食和烹调方法也被带了过来，饮食格局发生了巨大的变化。明末清初，辣椒传入铜仁，对铜仁菜的发展具有里程碑式的意义。铜仁菜尚酸辣的特点开始定型，并实现了质的飞跃。抗日战争时期，大批铜仁籍官兵奔赴前线，大批中原难民拥入大后方。铜仁菜一边走出家园，一边在嫁接、演变、融合中充实发展。20 世纪 80 年代以后，随着改革开放的不断推进，铜仁的流动人口大幅度增长，各地口味与饮食习惯再次在铜仁聚合，铜仁的饮食文化内涵更加丰富，各式菜品令人目不暇接。

铜仁菜主要以原铜仁府"锦江菜"、思南府"乌江菜"、石阡府"温泉菜"、乌罗府"苗家菜"、思州府"平溪菜"和梵净山寺院菜组成。这些菜选料灵活多样，调味多变，菜式多样，口味清鲜醇浓并重，成品质朴多味，烹法考究善变，成为脍炙人口的经典美味。

黔东菜以崇尚酸辣著称，但用料的准则并非越酸越好、越辣越好，而是强调因人、因时、因地、因料而灵活变通。在五味中求平衡，酸辣中寻柔和，醇厚中品淡雅，变化中找感觉。讲究辣就辣得实在，酸要酸得爽口，香要香得自然，进而形成酸、辣、甜、香、咸的铜仁菜基础五味。铜仁菜的酸味原料以苗家发酵米酸、土家族菜酸和各民族嗜好的酸辣面、泡菜酸为主，也有酸杨梅、番茄酱和酿造麸醋等。辣味有酸辣、香辣、煳辣、糟辣等，刺激口腔黏膜和舌尖味蕾，增加食欲，帮助消化。辣椒有灯笼椒、圆锥椒、长椒、簇生椒、樱桃椒等多个变种，又分为菜椒、干椒和兼用型椒。菜椒微辣，果肉厚，水分多，主要作为鲜菜，也可做泡菜。干椒类主要作为调味品，也可做泡菜。兼用型椒辣味介于菜椒和干椒之间，嫩椒可鲜炒，熟椒制成干辣椒、泡椒。辣椒制品有干辣椒、阴辣椒、油辣椒、糟辣椒、泡辣椒、煳辣椒、糍粑辣椒、刀口辣椒、五香辣椒、辣椒面、辣椒油等。甜味多用红糖、白糖、饴糖、甜酒、蜂蜜、果品等调制。铜仁菜香味包括烟香、酱香、鱼香、脆香等。有的香通过嗅觉来感受，有的通过味觉来感受。东汉王莽说："精盐者，百味之将"。值得一提的铜仁菜咸味是善用腌制的盐菜、霉豆腐等来调制。

　　铜仁菜强调并运用炒、煮、蒸、烧、炖、扣、熘、炸、煎、爆、煨、焖、煸、炝、烩、酿、腌、拌、熏、卤等方法烹制菜肴。兼容并包，匠心独运，尤其突出猛火快炒、文火慢炖、干煸、油爆、干烧、干蒸、清蒸、粉蒸和火锅、干锅的烹调技法。

为黔菜的发展鼓与呼

2003 年，编辑《贵州美食》杂志时，与退休后全力致力于铜仁餐饮发展的丁成厚老先生结识，一是许多投稿需要对接，二是为当时负责的《中华食文化大辞典·黔菜卷》向丁老约稿，丁老欣然答应，并多次邀请我去餐饮企业走走看看，了解一线需求和铜仁黔菜概况。

一生为革命工作劳苦，退休后反而比工作时更加忙碌的丁老，经常背着背包，行走于餐馆酒店，不用招呼直入厨房，与大厨师、小厨师交流，也与餐馆老板和酒店经理沟通，所到之处，男女老少都称呼他为丁伯，没有一处受到阻拦，没有一人流露出不喜之色，可见丁老人缘之好。

丁老曾对我说起他从部队到军校司务，后来前往滇黔铁路管物资管后勤，因此与餐饮结下不解之缘。为了照顾年迈父母，转业回到铜仁，在市商务局（原专区商业局）饮食服务科从基层员工干到科长，期间开展培训、鉴定和组织赛事等，因致力于与餐饮企业一道提升黔东菜系，以致于退休后退而不休，反而比之前更忙，曾做过酒店专业厨师，后来干脆做职业美食记者、美食书刊发行人，将知识送进厨房，二十年如一日，坚持至今。

工作的需要，也是爱好所在，丁老一直有记笔记、整理笔记和总结、观察的好习惯，且各个时期均有文章发表。《东方美食》多次以卷首语刊发丁老文章，《中国烹饪》《四川烹饪》《川菜》《贵州美食》等杂志都发表过他的文章，身为《中华食文化大辞典·黔菜卷》《贵州农家乐菜谱》《贵州风味家常菜》《贵州江湖菜》《苗家酸汤》《铜仁百味》等图书编委，积极参与黔菜书刊编撰工作。丁老经常提起一句话："机会是留给有准备的人的。"工作期间，他作为地区代表参与全省烹饪大赛，结识了黔菜大师和全国知名餐饮人士。丁老回忆起与各时期黔菜泰斗、黔菜宗师、黔菜奠基人赖炳荣、王炳清、古德明等的合作，犹如就在昨天，甚至至今保留着与他们往来的书信手迹，难得至极。

丁老近二十年来一直站在为黔菜鼓与呼的前列，一直呼应着黔菜总领军王朝文老省长和黔菜泰斗古德明老先生；一直站在程天赋、葛长瑞、杨翠光、张乃恒、杜青海等为弘扬黔菜光大者的队伍中，摇旗呐喊，亲力亲为；一直致力于餐饮人才的培养和队伍的建设。他认为只要是黔菜的事就是大事，任何事物应当让路，不畏艰难险阻，无任何怠慢消极。

《铜仁百味》审稿和《中国黔菜大典》组稿，八十岁出头的丁老站在第一线，走在最前头。在与丁老一同整理书稿时，他忙前忙后，且清晰记得稿件先后顺序，甚至每篇文章数个版本的修改时间等。

与丁老的相识的十几年时间，差不多也是我致力于黔菜观察与研究、编辑与出版的时间，与丁老的交流与沟通都在黔菜方面，似乎所有的谈话都集中在黔菜的发展上。有感于此，写下此文，作为我与丁老十数年忘年交的小结。

丁成厚老先生和他的菜谱梦

如果在铜仁见着一位背着大包、行走敏捷，随意穿行餐厅厨房无人阻拦的老人，嘴上还不停地回应着"小师傅早、小师傅好、小师傅棒"……不用问，那是丁老为大家送技术、送文化来了。

丁老就是中国烹饪大师、贵州餐饮文化大师丁成厚。贵州省铜仁市餐饮界对他共同的称呼就是"丁老"。在黔东铜仁市区域内，只要是从事餐饮业的，不管是老板，还是厨师厨工，如果不认识丁老就说明刚刚入行，还不曾见到过这位老人，这位耄耋之年的铜仁餐饮泰斗。丁老八十岁生日时，铜仁餐饮行业朋友欢聚一堂，为丁老庆祝生日。

丁老是我的忘年交，是我十五年前四川烹专毕业后，毅然投身黔菜开发研究工作时结识的朋友之一，如今他仍然坚持走在一线为业界服务。

丁老的家房子很大，加上花园足有 200 平米。但是丁老的家里除了简单的家具外，基本上没有剩余空间了，因为满屋都整齐地堆放着他的宝贝——烹饪书刊。每次受邀来到他家，一进门闻到那一股纸张和油墨的香味，都会有一种"文化人"的气息感受。在这里，我可以随意地翻看，甚至可以拿到钥匙打开放书的箱子，丁老说，只有我真正看完过他的书。

丁老曾在部队和滇黔铁路建设期间从事司务工作，到后来在商业部门专职饮食服务主管工作，这些经历让他疯狂地爱上烹饪，一辈子只为烹饪而生。他在接管饮食服务工作后，开始着手筹备厨师培训和鉴定，当时几位知名的本地厨师纷纷相助。起初资料严重不足，经请示后，向省内外相关饮食服务部门、行业协会和大中专院校发函索取，获取了诸如天津饮食服务学校赠送的《天津菜谱》、上海市饮食服务公司赠送的《烹饪技术》、中国食品报编印的《中青年厨师培训学校教材》等，也获得了《重庆菜谱》《黔味菜谱》和贵州省饮食公司、贵阳市遵义路饭店教学餐厅以及万山特区汞矿矿业公司"刻板油印"的《饮食业技术考核复习资料》《黔味教学菜谱》《名师进矿业食堂指导技术》等宝贵资料。他还利用出差到外地期间，自费在新华书店购买了《中国烹饪辞典》《中国烹饪百科全书》等专业工具书。真正有幸的是，

追味儿——跟着大厨游贵州

迄今为止收集到了三个版本的中国名菜谱，最早的版本是1956 年周恩来总理强调"抢救文化资源，抢救烹饪文化"时编写的，可惜只收得 6 册。大多书籍的发票至今保存完好无损。从某个方面说，这批来自各地书店的发票，见证了丁老的执着与艰辛，更彰显了一代人的梦想和追求。

退休后，丁老受聘酒店厨师，自己也尝试创业。试过之后，感觉并不是自己想要的生活，于是与杂志社、出版社沟通后，做起了驻站记者和区域发行工作，为厨师和餐厅老板们送知识、送文化，一干就干了近 20 年。不变的是承诺，变化的是当年每个月走遍铜仁全市，随着年纪的增大，变成了每个月一次铜仁市区、每半年一次铜仁市了。丁老最为苦恼的是这些年来，或许是自己工作过于到位，铜仁的书店和报刊亭均不销售烹饪类书刊，一旦自己不送书，厨师们用什么学习？怎么提高烹饪技术？如何才能把时间用在学习上而不浪费在麻将桌上？更加让他苦恼的是谁能接他的班？听得出来，丁老是希望我能去帮助他整理、完善他的《铜仁菜谱》。

怪不得丁老最近总是打电话邀请我去铜仁玩，说他琢磨出了新的武陵油茶方子，还说陪我去梵净山红云金顶，问我是否要给刚去世的黔菜知名人士、贵州美食科技文化研究中心主任杜青海老师写一篇纪念文章。

想想看，我能为丁老做些什么？我会努力促成黔菜博物馆、黔菜图书馆落地，时机合适时将丁老保存的资料捐赠给国家，为他和他的子女办理一个终身优先借阅证。更想做的是，帮丁老圆了他的铜仁菜谱梦，不让他的思想、他的研究和他的成果迟迟得不到发表，愿《铜仁菜谱》出版后，他能亲手将它送到铜仁的每个角落，并为聆听者亲自讲授。

黔菜花开人已去

杜青海，男，北京御秀营养配餐研究院高级顾问、贵州美食科技文化研究中心主任、中国学生营养餐积极推进者。1956 年，21 岁的杜青海从新华社国际部怀着满腔热情来贵州支边，一待就是 58 年，为贵州美食文化的研究和发展付出了巨大的心血，做出了不小的贡献。

我与青海老师的相识、相知与合作，始于青海老师筹划贵州省食文化研究会，在中国食文化研究会的支持下，率先成立中国黔菜编委会、贵州美食编辑部，编辑出版《贵州美食》杂志、《中国黔菜》图书，继而成立贵州美食科技文化研究中心，并开始组织《中华食文化大辞典·黔菜卷》《中华食文化精品墨宝集》的编撰、出版工作。那一年，青海老师 67 岁，我 24 岁。

我在外省读完大学，在烹饪与酒店管理领域打拼了几年后才回到生我养我的家乡贵州。我一边在酒店工作，一边开始写一些有关家乡美食的文章发表在报纸杂志上。文章被贵州电视台美食栏目编导赵芳祥看到后，请我做了一期《黔菜需要文化支撑，文化需要黔菜表现》专访栏目，并推荐我认识正在做黔菜研究工作的杜青海老师。2002 年 7 月 9 日，我找到了贵州省食文化研究会办公地点，见到了精神饱满、激情高昂的杜青海老师，简单的寒暄，奠定了我们此后十二年一同奋战、研究黔菜的美好时光。

2002 年，我应邀参加"中国黔菜编委会"举办的年会，会上见到了前贵州省省长、时任全国人大民委主任委员的王朝文，也正是这次会议上，他的"干黔菜要干到 90 岁"的发言，改变了我当年要以超级烹饪技术示人的想法，转变成为黔菜发展事业奉献一生。同年 12 月 27 日，青海老师打来电话，把已经从酒店厨房工作转到中专学校做烹饪培训老师的我，叫到"2003 年中国烹饪王国游——贵州首游式"筹备办公室，协助他整理资料、写发言稿、分发邀请函等。青海老师忙于接电话、安排、布置各项工作，稍微空闲时就指导我的工作，特别是一篇相当重要的关于黔菜的发言稿，我和青海老师花了差不多一整夜，都是青海老师给提示，起一个头，然后让我自己发挥，我每写完一段就叫醒小憩的他来商讨。这一次活动请来了当时中国烹饪协会的胡平、姜习两位老会长、张世尧会长和中国食文化研究会杜子端会长以及全国各地食文化研究会会长、秘书长、专家共 61 人，成功举办了"2003 年中国烹饪王国游——贵州首游式"、中国黔菜高层论坛、中华食文化精品墨宝展、于光远食文化思想高层论坛、首届全国食文化研究会会长会议、中国云岩国际美食节等活动。活动结束后，青海老师放我一周的假，并给我一个任务，结合工作实际撰写一篇有关黔菜的文章。利用这次"放假"，我在书店、图书馆花了 7 天时间，撰写了一篇《贵州民族菜概述》，文章后来发表在《扬州大学烹饪学报》上，繁体中文版发表在台湾《中华饮食文化》，后来收录在《中国烹饪》杂志贵州专题、《中国黔菜·理论卷》《美食贵州》等著作中。紧接着，青海老师放手让刚刚从厨师岗位转行的我前往上海、南京、成都等地调研，采访黔菜情况，并撰写和编辑《贵州美食》。

后来，我离开贵州去四川主持《川菜》杂志的筹办和主编工作。时间转到 2007 年，我回到贵州，那时我已创办黔菜研究中心和黔菜网，正编辑《黔菜研究》报纸，这些工作得到青海老师的赞赏和支持。这时青海老师说，我参与早期主要工作的《中华食文化大辞典·黔菜卷》已出版，下一步工作是中国学生营养餐的推进工作和《中华食文化精品墨宝集》的出版，后来还邀请我到北京，与北京御秀营养配餐研究院裴玉秀院长、中国食文化研究专家马连镇和李文祥两位老师接洽探讨。2013 年，我在中国食品报、贵州日报先后发表《推进贵州学生营养餐的思考》《贵州大力发展学生营养餐工程》等关于贵州学生营养餐的文章，也同青海老师共同在贵州日报发表《整合资源，培养人才，推进黔菜出山》等文章。听说铜仁市组织编撰《铜仁百味》后，按照王朝文老省长的要求，他与我一起前往铜仁，协助《铜仁百味》的出版工作，成书后的前言、后记中，高度评价了青海老师的大力支持。在我组织"黔西北美食媒体深度考察"期间，青海老师每天亲自过问，看望考察成员，使活动得以顺利完成。青海老师为了学生营养餐工作，不停地往返于北京和贵阳，2013 年 12 月 27 日，我在结束了 3 个月的中职骨干教师国家级培训后，陪同青海老师最后一次从北京飞回贵阳，这一次，我和青海老师行程中没有打盹，一直说话说到贵阳，说了很多关于黔菜、关于学生营养餐、关于中华食文化精品墨宝和关于中国食文化研究会发展的事宜。万万没想到，2014 年 1 月，青海老师病了，在医院治疗和回家调养期间，我既想天天去陪着老师，又怕我去了，青海老师时时想起要做的、未完成的工作而影响休息；而我不去，他又老是想着我能去和他说说工作的事情。纠结中，青海老师走了。

青海老师走了，我虽然不再吸烟，还是点上一支香烟，写下与青海老师一起工作的一些片段，算是纪念吧！

畅想黔茶宴

一道清爽艳丽、香味扑鼻的龙井虾仁，成就了浙菜菜系的基础，也成为国内外厨师必学必会的中国名肴。

据报载，2014年，贵州省茶叶种植面积已经跃居全国第一，知名茶品有都匀毛尖、湄潭和石阡苔茶、栗香茶、梵净山茶、威宁黔红等诸多品牌。我认为不妨在"大黔菜"品牌与产业化发展下，大力推行茶菜、茶点、茶宴，并逐步完善黔茶宴国茶宴体系，让黔酒、黔茶、黔菜比翼齐飞，共筑品牌。茶菜茶点茶宴将是黔茶品牌的新突破口，既可通过茶菜来提升黔茶美誉，又能提升前来贵州的客商在黔菜黔茶消费上的满意度，还能为大黔菜体系的建立增添风采。

贵州茶叶入馔历来有之，源于何时，难以考证，不过在实践中，如茶汤红烧肉用到浓茶汁，使烧制时间缩短，茶香味浓郁，且油腻度大减；茶青点豆花选用新鲜的茶青磨浆，配少量淡巴（井盐副产品）、碱水点制豆花，成品豆花色翠绿，清香扑鼻，细嫩无渣；茶泡饭更是笔者在内的"七零后"儿时的回忆。放学后直奔家里，舀一碗剩饭，灌满每天早上熬制的浓茶，撒上一把白糖，三下五除二，一碗饭就没有了，那种舒爽的口感难以表达，也难以找到当年的那种感觉，毕竟那是白糖也需要凭票才能购买的年代。

2004 年，中国黔菜总领军王朝文老省长作为团长，带领贵州九大宴席代表团前往成都参加西博会国际美食展，组织黔菜专家和厨师，依托都匀毛尖集团的原料、桥城宾馆的技术，以黔南州代表队名义，用冷菜六碟、热菜 8 款、美点双辉和时令水果组成"都匀毛尖风情宴"，喜获最高荣誉——特金奖，并入编《中华食文化大辞典·黔菜卷》。

2007 年，隶属湄窖集团的湄潭东方剑桥宾馆筹备期间，专门邀请笔者亲临现场，以湄潭的茶叶为原料，开发茶点，作为东方剑桥餐饮特色，深得宴宾好评。

近年来，随着贵州旅游的逐步升温，黔茶黔菜快速成长，许多餐饮企业不断推陈出新，做出许许多多的单品菜肴，如茶香大虾、鲜茶炒掌中宝、绿茶饼、绿茶卷、茶香荞酥等，其口感新颖，色泽翠绿，引人食欲，回味无穷。

如今，黔茶升级、黔菜出山，餐饮消费逐步大众化、理性化，何不由茶叶专家、厨师和食品加工人士共同研究、开发菜品，依托餐厅和茶楼、茶园里的农家乐、景区景点酒店和涉外星级酒店等推出"黔茶宴""茶点宴"，时机成熟还可以以贵州为起点和中心，做出多层次的"国茶宴"。期待着中外宾客在贵州，乃至全国各地，既可以品绿色生态贵州茶饮，又能品尝到风格迥异的茶汤、茶酒、茶菜、茶点……

满城尽飘菜花香

阳春三月，桃花红了，梨花白了，五颜六色的鲜花开满大地。如今前往郊区赏花的人越来越多，而当地的农家菜中也多了几款鲜花菜，新鲜的桃花、梨花、李花、樱桃花、玉兰花、百合花全都"开"上了餐桌，吃花餐、吃野菜成了时下最流行的事儿。

摘把果花入菜来

笔者发现，餐桌上，桃花不仅是菜品的装饰物，它还悄悄钻进了菜肴。桃花、梨花与新鲜的青笋、野菜凉拌是最常见的，麻辣味、酸辣味的都有。据介绍，桃花、梨花、李花、樱桃花都没有什么怪味，由于这些花的花瓣不大，因此它们常常充当食材配角。鲜花拌菜，追求的是视觉与味觉的新鲜感。而玉兰花与百合花却不一样，由于这两种花花瓣较大，口感相对较好，因此常常被大厨们用来炒肉片或煮汤，这样吃肉尝花，味道非常特别。

蔬菜花更鲜美

果树的花开了，蔬菜的花也正开。聪明的大厨们而今也把蔬菜花炒进菜里了。油菜花是最常见的，基本上到处都在卖，白菜花相对要少一点，但在不少农家乐还是吃得到，烹制青菜花、花椒花、胡豆花的店相对就少多了，但如果碰巧了，还是能够尝一口的。

黄黄绿绿的蔬菜花都能烹出什么菜呢？笔者发现，简单一点的就清炒或炝炒蔬菜花，复杂一点的就用油炸、米汤煮或者用广式的靓汤来煮蔬菜花……除了这些素菜，笔者还发现了许多荤菜，比如蔬菜花排骨汤、蔬菜花牛肉丝、蔬菜花烧肉、蔬菜花水煮肉等。

青青野菜端上桌

给五颜六色的花配上几款青青的野菜，那种感觉实在太好了。这个季节，野菜又嫩又鲜，狗地芽、椿芽、灰灰菜、野韭菜、折耳根……充满着乡野味的野菜全都上了桌。笔者了解到，花乡农家里凉拌的野菜到处都有，蒜泥味的、酸辣味的、鲜椒味的，可谓五味俱全。清炒的野菜突出的是原汁原味，也是客人点食率较高的菜。除此之外，则有野韭菜炒腊肉、椿芽炒蛋、灰灰菜炒蛋、折耳根炖汤等。

哪些花儿不能吃

鲜花很美，但并非人人都可以食用鲜花，也不是所有的花都能吃，据相关资料介绍，有些鲜花有毒，是不宜食用的；即使是无毒的鲜花，对花粉有过敏症状的人也是不可以吃的。

据介绍，市场上的食用花卉可以吃的部分包括鳞茎、根部、枝叶、花蕾、花瓣、花蕊，但是并不是说所有花都能做菜，大家在挑选鲜花入菜的时候，一定要先确定是不是无毒的。一些花卉如夹竹桃、曼陀罗、一品红等，含有对人体有毒的成分，不能食用。而一般可以食用的花卉都含淀粉和糖类较高，这样的花才可以入口，而且尝起来口感也不错。

古法汗蒸盗汗鸡

众所周知，盗汗鸡是一道贵州名菜，用贵州独有的烹饪器皿盗汗锅制成。

贵州盗汗锅

盗汗锅，又叫"贞丰汽锅"，早期出于滇黔桂交界处的贵州黔西南布依族苗族自治州贞丰县。通过盗汗锅烹制的土鸡、土鸭等食物，肉质鲜嫩，汤汁鲜美，原汁原味，芳香扑鼻，营养不外泄，具有"汤清味爽，营养丰富"的特点。

盗汗锅是烹调盗汗鸡等菜肴所需的特殊器皿。将烹调所用的原料密封于容器中，用文火蒸3至12小时，多次调节火温，随时向"天锅"小盖中加入冷水……这个特殊的器皿为土陶制品，由蒸钵、外套、大盖和顶盖四部分组成。蒸钵形似花钵，装食材用，口沿稍宽，向外反曲，钵口侧周围有 3 ~ 24 个气孔；其外套无底，比蒸钵高约 3 厘米，周围直径比蒸钵大约 3 厘米，口侧有对称的 2 个耳环，蒸钵装入外套内，外套正好顶住蒸钵口沿，两者构成夹壁；大盖上也有对称的 2 个耳朵，上有如碗型的窝，作盛冷水之用，有的如蒸钵一样，开有 6 ~ 12 个孔，蒸食一些小原料如乳鸽等。蒸制食物时，蒸汽从夹壁内通过气孔进入蒸钵，同时上升遇到顶上加的冷水或者蒸钵盖的冷气，变成蒸馏水滴在食物上形成原汁汤，故名盗汗锅。

据传盗汗锅是三国时期诸葛亮在南征途中所创，采用了很独特的制作工艺。将武山乌骨鸡加入很多名贵药材，整只鸡或改刀的原料放入盗汗锅干蒸，用文火煨炖而成，一揭开锅，满屋香气，人人叫好。肉烂离骨，而且汤味很鲜不腻，长吃还有美容保健的功效。相传乾隆皇帝微服出巡时，闻味尝之，赞不绝口，定为宫廷皇室贡品。盗汗锅与云南气锅有异曲同工之妙，其作用原理接近，结构却完全不同，气锅在锅中间有一个专用输入蒸汽的气柱。盗汗锅则主要是从周边的气孔传进蒸汽，遇到天锅上的冷水或大盖的凉气，自然冷却成蒸馏水。

张智勇与他的盗汗鸡酒楼

在黔西南布依族苗族自治州首府兴义市，有一家 2000余平方米的酒楼，名为盗汗鸡酒楼。其创始人、盗汗鸡第四代传承人张智勇先生出生于中医世家，曾祖父张天银（1855—1948）在清朝咸丰年间结合食疗，针对中医古籍中定论为阴虚之症的"盗汗"，辅以药材自创了一道古法隔水蒸鸡的药膳，民间称此药膳为"济世良药"，并命名为盗汗鸡。此菜营养丰富，易消化，有益五脏、益气养血、补精填髓、健脾胃补虚亏之功效，长期食用更有延年益寿之功效。张志勇的祖母薛树轩（1904—2012）长期坚持制作食用盗汗鸡，享年108岁，2008年103岁时获得"长寿之星"称号。受家庭影响和从小嗜好烹饪的张智勇师承于一代宗师、中国黔菜泰斗古德明先生，从业30年，1988年开始经营盗汗鸡酒楼，1992年申请盗汗鸡国家商标，成立贵州盗汗鸡餐饮管理公司。

盗汗鸡制作方法

将土鸡宰杀，治净，在沸水锅中氽水，取出后放进蒸钵里，再放入党参、大枣、枸杞、姜、葱，将蒸钵套在外套上。将锅放入烧沸水的底锅内，保持底锅沸水一直漫过盗汗锅底部；将大盖盖上，加冰块或者冷水在大盖顶锅里，且在蒸制过程中保持天锅水，蒸4～6小时，锅内蒸馏水淹过鸡，取出姜葱，往汤里调入盐、胡椒粉即可上桌。

盗汗鸡在制作过程中不能闪火，要有专人负责给天锅加冰块或者冷水，保证盗汗锅的底锅内长期有沸水，并淹过盗汗锅底座下面，使其不漏蒸汽，以免造成干锅烧坏锅底，或因底锅水不足造成蒸汽不充分而制作时间延长。

菜品上桌后揭开盖子，一泓清汤上面浮着一只鲜嫩的鸡，不见半点油星，待到服务员用勺子将鸡肉分开再一搅动，金黄的鸡油珠才浮上来，汤汁色泽透亮，如溪中泉水清澈见底。可以先喝汤，再吃鸡，鸡汤鲜美，鸡嫩鲜香。鸡汤味道很正，没有一丝一毫的杂味，因为罐子里最初没有汤汁，汤汁是后来一滴一滴滴进去的蒸馏水。配上泡萝卜、泡辣椒、泡豇豆、泡蒜薹、凉拌折耳根、凉拌莴笋丝等小菜各一小碟，合味爽口。

盗汗鸡利用设计巧妙、独具匠心的民间土制陶罐，选用上等土鸡及多味药材，炖鸡不用水，古法汗蒸"盗汗"成汤，是一道难得的功夫菜。

赖师傅黔菜传奇

上世纪30～40年代，川、粤、淮、浙、沪菜厨师进驻贵州，开设餐馆，与贵州厨师一道，把贵州餐饮做得热火朝天，造就了一批大融合的新生代黔菜厨师。人才辈出自然就有了派别之分，如当时贵阳有名的丁派、赖派、邹派、胡派，遵义的"三少"等。赖师傅黔菜能够历久弥香，不能不说本身就是一个菜系品牌的传奇。

一代宗师开黔派

逆境出人才，顺境造精良。

赖炳荣老先生1905年出生于四川璧山县，他13岁就入厨，师从四川名厨孔道生大师。四川学艺，贵州发展，遨游全国，因为生性好学，做出的菜也就有味道，参加过四川满汉全席的制作，后闯荡江湖自成一派。1964 年被评为烹饪技师，曾任贵州省第四届、第五届政协委员，中国民主建国会会员。

贵州解放前夕，他在贵阳开办成都味饭店。50 年代受政府委派，组建河滨饭店，担任首任经理职务。他结合实际，融会贯通，将外来菜肴本地化、江湖菜肴正规化后，做出新派黔菜。1960 年 3 月，朱德委员长和夫人康克清，与解放军一些大将元帅，品尝过赖老先生亲自指导制作的龙凤鱼翅。1960 年 5 月，出访回国的周恩来总理在河滨饭店品尝过赖老先生一道以平凡之物制作出来的不平凡佳肴——如今赖师傅黔菜馆当家菜之一"口袋豆腐"。

1985 年 7 月，时任贵州省委书记的胡锦涛同志在视察黔东南苗族侗族自治州时，会见了正在该处支边扶贫的民主人士、80 多岁的赖老先生，并鼓励赖老先生要把黔菜发扬光大。在接见后的合影留念时，他起身对老先生说：你是专家，理应坐中间，于是和赖老先生换了个位。

赖老先生收授弟子不多，贵州解放前 3 人，解放后在河滨饭店授业 5 人，但是赖老先生教授过的学生却不计其数，如今年龄在 55 岁以上的贵阳厨界人士和地州市厨界精英，基本上都聆听过他的讲课。他也是新派黔菜奠基人中唯一走遍全省地州市办班、授课的厨师。

早些年，学厨师也就是当炊二哥，只是一份养家糊口的工作。即便在改革开放之初，餐饮从业者也多是一些混不上铁饭碗的待业青年、外来务工人员，或者是落第学子自谋生路的一种无奈的就业身份。但正是在那样的环境下，却锻炼出了一批又一批的人才，可以说，勤行出身练就的是一个人真正看家的硬功夫，它会让你走南闯北、独步天下。但要想更上层楼，就要靠个人的真知灼见，靠个人阅历修为的内功提升了。

黔菜的不断创新可以说是几代大师的心血凝聚、积健为雄的智慧结晶。能够创造出惊世骇俗的美食精品，将名不见经传的龙凤鱼翅、口袋豆腐、八宝甲鱼等黔菜，修炼成赖师傅黔菜馆的当家经典之作，并升华为有审美价值和文化品位的艺术大餐，个中酸甜滋味只有亲历者才能知道。

江山代有传灯人

社会发展加快，经济快速增长，黔菜日趋成熟，赖师傅家业稳健发展，与大环境统一步伐，步步高升。

赖炳荣老先生的儿子赖恒明，自幼受家庭影响和家父的教诲，40 年来一直孜孜不倦地坚持钻研黔菜烹饪技艺，发扬光大赖师傅企业，致力弘扬黔菜文化，推动黔菜出山。

改革开放的东风吹进贵阳，年轻的赖恒明就耐不住性子早早下海，开始进军餐饮业，一袭乃父为烹饪艺术鞠躬尽瘁、勤劳不辍之家风，在继承中求发展，在融汇中求创新，兼容并蓄，厚积薄发。古人说：读万卷书，行万里路。此时年轻气盛的赖恒明没有赖在家学厚实的温床中简单地子承父业、固步自封，而是走出云贵，放眼全国。他没有门户的成见，打破师承的狭隘界限，无论是八大菜系的经典，还是京沪的典藏，抑或本邦菜、食肆菜、官府菜、公馆菜，只要是入得他的法眼，全部拿来为我所用，各路功夫，十八般技法，在他这里了然于心，成竹在胸。

可以说，这一时期是赖恒明人生最为得意和技艺最富灵韵的时期。他钻的是厨艺，想的是黔菜，他贪婪地吸吮华夏饮食文明的养分，滋养着自己渴求腾空搏击的翅膀。赖师傅黔菜烹饪手法精细多变，善于创新，如龙凤鱼翅制作精细、造型美观、搭配合理；口袋豆腐是将极其平常的豆腐变形后又塑成了形，而且口感极佳，做到了以平凡之料烹制出不平凡之佳肴；八宝甲鱼则是在保持生态平衡和保护濒危动物的基础上将传统黔菜八宝娃娃鱼中的娃娃鱼替换而创制的，也因为主料的变化，特地在辅料上作了深层次的研究，将海味原料金钩换成了植物原料的桂圆肉，既避免了金钩与干贝的重复鲜香味，又提鲜增香，使其口感更加醇厚悠长，营养搭配更加和谐。

在立足贵州本地特色、特产、特点的基础上，赖恒明以自己的感知对时下的黔菜纵横捭阖、重新整合，甚至对自己父辈的看家绝活发出质疑、挑战常规，可以说他是在以自己大胆的实践精神，辩证地破立结合，把每道菜品做出人们似曾相识、不落俗套却又与众不同、耐人寻味、别有洞天的新感觉，造型突出大智若拙、返璞归真的意境；设色讲究明快清晰、生动和谐的气氛；食材注重君臣佐使，搭配调和的配伍。如此巧妙的匠心独运，成就了赖恒明不同凡响的厨艺功力，更为半个世纪的黔菜发展增添了浓墨重彩的一笔。

　　因为在餐饮界一直存有不成文的门户之见，各个门派又往往有森严的技术壁垒设置。与其说新黔菜有海纳百川的气量，不如说是这些大师们卓有见地的个人素养达成的共识，催生和孵化了黔菜；更是靠赖恒明他们不断的技艺切磋与经验积累，共同挖掘、整理黔菜，赖师傅黔菜企业就是他们研发新菜品的主场。众人拾柴火焰高，在大家的共同努力和全力支持下，2002 年以贵阳市烹饪协会正式成立为标志，黔菜破茧而出，傲然屹立于世。柳宗元一篇《黔之驴》，拐带得贵州"黔驴技穷"，更有夜郎自大的说辞，奚落得黔人总像没有见过什么大世面，好像蛮夷之地只会有茹毛饮血的原生态，永远不入钟鸣鼎食的礼仪要义。但是如今，黔菜的横空出世，带给你的不仅是对世俗味觉强烈颠覆的冲击，更使你在赞叹之余，不得不发出"海纳百川，有容乃大"的感慨。

赖师傅黔菜，让人们有口皆碑。没有辜负其父亲赖炳荣老先生的期望，赖恒明也成为了中国黔菜名师、烹饪大师，并担任贵阳市烹饪协会副秘书长、贵阳市饮食服务行业商会副会长、市工商联执委等职位。

黔菜改革看今朝

黔菜出山的步伐正随多彩贵州的大力推广而推进，贵州的形象和与之息息相关的黔菜，正是大家追捧的焦点，黔菜在国内各大中城市的前期印象和黔菜出山后创造的一系列轰动效应，直接影响和激励着敏而好学的新一代黔菜厨师和锐意进取的经营者们，勇立潮头，快马加鞭，随形变势，重拳出招。

黔菜出山牛刀初试，让世人刮目相看。携多彩贵州地方形象电视展播和黄果树瀑布节等形象展示，趁贵州在国内外的知名度大增，适逢大众渴望品味黔菜的大好时机，黔菜闻鸡起舞，乘势而上。有着卓越厨艺技术和多年经营经验的赖师傅黔菜企业，可说是正当时机地闪亮登场。赖师傅第三代的嫡系传人赖晓宇，放弃留学法国后各种无限风光的机会，毅然回到贵州，披挂起赖师傅一脉相承的衣钵，亦肩负起发扬光大黔菜产业的重任。

"外行管内行，内行管厨房"是句老话，但已经跟不上时代发展。赖小宇回国后，将自己所学和见闻，很快应用到工作中。他一改过去作坊式生产、家族式管理的模式，融入先进的经营管理经验，采用科学的加工方式，结合赖师傅宴府、赖师傅小八碗、大师小炒等诸多业态与品牌，成功研发出新一代黔菜共享大厨。

新开发的共享大厨项目，与茂钊食文化传播公司合作打造贵州大有发展潜力的数十位大师名厨和经典菜肴，通过赖师傅企业研发的机器人炒菜机、绿色食材供应链等，完成大学生创业孵化，并快速推进社区餐饮的发展，是黔菜创新，甚至可以说是黔菜改革的典范。

一门三代皆精良，赖师傅黔菜留传奇

从赖师傅三代迤逦行程的轨迹，我们看到的是一部无字的黔菜发展真经。正是依靠像赖师傅三代这样的庖坛苦心人，历经几代人呕心沥血地薪火相传，使一代人创新出来的新派黔菜登堂入室，更使得名菜崛起，开阔了一方水土的广博天地和无量眼界。但这样的成绩还不算是一个烹饪世家、或者黔菜经营的最高期望。诚如王朝文老省长"做大做强中国黔菜产业"所期望的那样，黔菜必将纳入多彩贵州风中一袭香醇的"食尚"文化风。

追忆黔味谱历史，
展望大黔菜未来

从事烹饪工作 20 年，深入黔菜事业 17 年之际，正值"确立黔菜概念，树立黔菜品牌，推动黔菜出山，推进黔菜产业发展"的攻坚阶段，重拾贵州人民出版社 1981 年 11 月出版的《黔味菜谱》进行学习，过去的一幕幕如同影像一般不断回放……

高中毕业后，毅然选择走进四川烹饪高等专科学校学习烹饪，圆幼时之梦想。大学期间，为了快速进步，半工半读完成学业。奔走他乡，为了开阔视野、寻他山之石。毕业后毅然决然回到家乡，寻找乡愁乡韵。不经意间发现了《黔味菜谱》，如获至宝，一口气读完，一去十余载。

期间，不知多少次与别人讨论书中内容，就传统与新潮黔味展开过无数次的研究，但多无果。庆幸的是，时不时地可以遇到知音，一些退休后的老厨师惊讶于我能完整地还原传统黔味。后来经多方考证，因社会发展与人口大迁移等诸多原因，无论厨师还是从事黔菜经营者，真正学习《黔味菜谱》者不多。

再次重新阅读和研究《黔味菜谱》，是对照着 1981 年 11 月第一次印刷和 1987 年第二次印刷两个版本，封面略有差异，内容无变化，但心境截然不同，那时学习烹饪技术，是为了可以用到实处。如今重新学习当时的黔味风格，还原黔菜历史，是为了更好地推动黔菜的发展，界定和确立黔菜概念，适应当下、面向未来，树立黔菜品牌，真正推动黔菜出山，推进黔菜走产业化发展之路。

当年组织编写《黔味菜谱》的贵阳市遵义路饭店已经仅存于一些中老年人的记忆中，但曾在那里工作的黔菜名师熊云轩、红案师傅向金荣、蔡文彬、唐正才，执笔撰写的韩成润、黄政、任恩普，接待师王维周，以及部分参与研究和讨论的青年厨师们，被黔菜人深深地记在脑海中，毕竟他们共同创作了第一本黔菜菜谱。就在前不久，与曾参与菜谱菜品制作与讨论的美籍华人赫黔修聊起了当时的场景与过程，许多未记录姓名的老师傅，不辞辛劳，带病参加，献出宝贵资料，耐心指导年轻人制作。根据这些描述完全可以在想象中还原出当时的场景。

书中记录了海产、水产、家禽、肉、肚杂、豆腐、蔬菜、甜品小吃等 181 个品种，从主料、配料、调料到烹调方法、特点和部分菜肴的来源、历史，记录详尽而全面，是当下很难做到的。更有意义的是，书中以"一张难忘的菜单"还原了周恩来总理 1960 年 5 月 4 日出国访问归国途经贵阳，在河滨饭店品尝金钩挂玉牌、酸菜烩小豆、肠旺面、豆腐圆子等贵州家常菜和小吃后赞不绝口的那段历史，传为美谈。书中菜品至今仍长盛不衰，如黔菜的宫保鸡丁完全有别于四川的宫保鸡丁，真正体现了黔菜利用原料特性、注重纯味醇香调配的特点，表现出黔菜千滋百味、野趣天然的风格。

追忆历史，用在当下，展望未来。1990 年时任贵州省省长的王朝文同志在第二届贵州风味小吃评比会上题词："弘扬饮食文化，振兴黔菜黔点"。新世纪初，王朝文老省长任全国人大民委主任委员期间和退休后，亲自领军社会热心黔菜的人士，以发扬光大黔菜为己任，开展了一系列推动黔菜品牌和黔菜出山活动，一路走来，实事求是，硕果累累。如今，88 岁的老省长仍然领军中国黔菜事业，一如既往地带领我们编撰《中国黔菜大典》、成立黔菜产业促进会，誓将黔菜事业进行到底！

　　我出生在改革开放之年，春风徐徐来。幼时，看一片青山绿水，上学后才知道自己的故乡是祖国西南一隅的大娄山边，忆起儿时玩具多是辣椒、花椒、茄子、黄瓜和板栗等各种各样的瓜果蔬菜，还因此闹出不少笑话，也练就了好吃又好做的习惯，煎炒烹炸无所不能。

　　家里的外公、舅舅、表哥们三代人做厨师，过年时帮乡亲杀年猪，平时做农村酒席。我这"外人"插不上手干着急，但偷师本领不错，很小时就站在板凳上做黄玉米饭，混合一点生米再蒸制成"金裹银"。我十二岁时二舅过生日，考验我一个人炒菜做酒席，稀里糊涂算成功。后就读四川烹饪专科学校学烹饪，再去西南大学学中文，又去贵州大学学食品加工，从大专到本科再到研究生，学习生涯整二十年。

　　然二十年间，苦学技艺，遍访名师，交朋结友，刀墩面杖，挥汗火炉，继承创新，研发管理，涉足商协，走进媒体，转向教育，献艺生军，黔菜出山，献予旅局，走进台岛，迈向世界，挑起重担，力迈深山，促进产业，众志成城，大有可为。今近四十，自认大厨，别人亦然。

行行出状元，要做就做最棒的、顶尖的，相信努力带来机遇。如今主掌《中国黔菜大典》，豪言要走遍贵州山山水水，遍寻美食，将寻味之散稿与大家分享，以期盼您来尝试。

我在贵州等你……

图书在版编目（CIP）数据

追味儿 : 跟着大厨游贵州 / 吴茂钊著. — 青岛 : 青岛出版社, 2018.6

ISBN 978-7-5552-6976-2

Ⅰ.①追… Ⅱ.①吴… Ⅲ.①饮食 – 文化 – 贵州 Ⅳ.①TS971.202.73

中国版本图书馆CIP数据核字（2018）第091456号

书　　名	追味儿——跟着大厨游贵州	
著　　者	吴茂钊	
出版发行	青岛出版社	
社　　址	青岛市海尔路182号（266061）	
本社网址	http://www.qdpub.com	
邮购电话	13335059110　0532-68068026	
选题策划	周鸿媛	
责任编辑	逄　丹	
特约编辑	宋总业	
版式设计	魏　铭	
封面设计	丁文娟	
插画绘制	贵州博睿广告有限公司	
插画提供	多彩贵州街·出山里	
制　　版	青岛乐喜力科技发展有限公司	
印　　刷	北京盛通印刷股份有限公司	
出版日期	2018年6月第1版　2018年6月第1次印刷	
开　　本	32开（890毫米×1240毫米）	
印　　张	7.5	
字　　数	160千	
图　　数	9幅	
印　　数	1-6000	
书　　号	ISBN 978-7-5552-6976-2	
定　　价	49.00元	

编校印装质量、盗版监督服务电话：**4006532017　0532-68068638**

建议陈列类别：**生活休闲　饮食文化**